# 江苏省绿色建筑发展报告（2020）

The Development Report of Green Building in Jiangsu Province（2020）

江苏省住房和城乡建设厅
江苏省住房和城乡建设厅科技发展中心 编著

中国建筑工业出版社

**图书在版编目（CIP）数据**

江苏省绿色建筑发展报告. 2020 ＝ The Development Report of Green Building in Jiangsu Province（2020）/ 江苏省住房和城乡建设厅，江苏省住房和城乡建设厅科技发展中心编著. — 北京：中国建筑工业出版社，2021. 12

ISBN 978-7-112-26957-0

Ⅰ. ①江… Ⅱ. ①江… ②江… Ⅲ. ①生态建筑－研究报告－江苏－2020 Ⅳ. ①TU18

中国版本图书馆 CIP 数据核字（2021）第 265840 号

责任编辑：朱晓瑜

责任校对：张　颖

## 江苏省绿色建筑发展报告（2020）

The Development Report of Green Building in Jiangsu Province（2020）

江 苏 省 住 房 和 城 乡 建 设 厅

江苏省住房和城乡建设厅科技发展中心　编著

\*

中国建筑工业出版社出版、发行（北京海淀三里河路9号）

各地新华书店、建筑书店经销

北京红光制版公司制版

北京京华铭诚工贸有限公司印刷

\*

开本：787 毫米×1092 毫米　1/16　印张：10¼　字数：202 千字

2022 年 2 月第一版　　2022 年 2 月第一次印刷

定价：**108. 00** 元

ISBN 978-7-112-26957-0

（38767）

# 编写委员会

主　　任：周　岚　顾小平

副 主 任：刘大威

委　　员：蔡雨亭　张跃峰　韦伯军　张　赟　王登云

主　　编：刘大威

副 主 编：蔡雨亭　韦伯军　张　赟

撰写人员：李湘琳　尹海培　赵　帆　王智远　刘　辉

　　　　　李德智　何厚全　胡　浩　邓陈文怡　孙　林

　　　　　张　艳　胥文婷　缪佳林　陈雨蒙　吴德敏

　　　　　张　晶

参编人员（按姓氏笔画排序）：

　　　　　仲　飞　严欣春　李　健　杨宽荣　张　伦

　　　　　陈　重　周炜炜　周荣来　祝　侃　姚秀琴

　　　　　袁遵义　顾家慧　钱保国　黄冠英　曹　静

　　　　　葛桂玉　潘　振　潘海涛　魏燕丽

审查委员会：

　　　　　梁俊强　王清勤　林波荣　李丛笑　汤　杰

# 序　言

21世纪以来，我国经济持续快速增长，一方面加速了城镇化进程，促进了城市和建筑的现代化，另一方面带来大拆大建、环境恶化等问题，忽略了人的感受。建筑是满足人民生活需求、提升生活品质的重要载体，"人"一直是建筑学科关注的中心。我结合多年建筑设计实践提出"本原设计"思想，就是以"全方位人文关怀"为核心观念，希望实现"建筑服务于人"。新时代背景下，如何让建筑更好地服务于人，我也在和行业同仁们一起思考探索。2017年中央城市工作会议发布《关于进一步加强城市规划建设管理工作的若干意见》，提出了建筑新八字方针："适用、经济、绿色、美观"，其中"绿色"是一个崭新的理念。绿色建筑既契合国家绿色发展导向，也关注人的安全、健康、便利等需求，是具有生命力和广阔前景的发展方向。

江苏的绿色建筑工作一直秉承创新引领的目标。"十三五"期间，江苏在全国率先发布实施了《江苏省绿色建筑发展条例》，为绿色建筑工作全面普及奠定了法制基础；出台了《江苏省政府关于促进建筑业改革发展的意见》等文件，构建了绿色建筑全寿命期闭合监管机制；编制了《绿色建筑设计标准》《居住建筑热环境和建筑节能设计标准》《绿色城区规划建设标准》等标准，为高品质绿色建筑发展提供了技术支撑。截至2020年末，江苏绿色建筑面积超过8亿 m²，城镇绿色建筑占新建建筑比例从"十三五"初期的53%增长到98%。18个项目获得全国绿色建筑创新奖，其中一等奖获奖数量位居全国前列。这一系列成果，既是建筑新八字方针的本土化实践，也是"以人为本"理念在建筑领域的落地生根。

江苏分别在2014年、2018年两次编著出版《江苏省绿色建筑发展报告》，对绿色建筑工作进行阶段性总结。此次江苏省住房和城乡建设厅、江苏省住房和城乡建设厅科技发展中心共同编著的《江苏省绿色建筑发展报告（2020）》，从发展成效、政策推动、科技支撑、示范引领、地方实践等方面系统总结了近年来江苏绿色建筑高质量发展的经验和成效，结构清晰、内容丰富、数据详实，具有较强的专业性、权威性和实用性，既有文献资料价值，又有现实指导意义，是管理和技术人员不可或缺的参考指南。

"不忘初心，方得始终"。发展绿色建筑的初心，是为了实现人与自然和谐共生。"十四五"大幕已经启动，绿色建筑从业者还应继续关注人的发展需求，围绕"健康、高效、人文"等要素，在建筑的设计咨询、施工建造、运营调适、改造更新等领域持续创新理念与实施路径，作出有益探索。我期待江苏持续推进绿色建筑发展，在高质量发展的跑道上，发力碳达峰赛段，冲刺碳中和终点，跑出新一轮优秀成绩。

中国工程院院士

深圳市建筑设计研究总院有限公司总建筑师

国际绿色建筑联盟专家咨询委员会专家

2021 年 9 月

# 目　　录

# 第1篇 | 发展成效

　　建筑的发展与社会、经济、文化的发展紧密关联，又与人的需求密不可分。绿色建筑从理念诞生起，其核心是建筑与环境和能源的关系，强调节约能源、减少环境负荷。近年来，随着生产力的提高以及人们对居住和工作环境品质要求的进一步提升，人们逐渐将建筑与环境的关系重新转向建筑与人的关系，即强调以人为本，促进人与自然的和谐发展。

# 第1章 发 展 概 况

## 1.1 国 际 发 展

绿色建筑的诞生发展，是建筑领域应对气候变化、环境恶化、能源危机的选择，也是满足人类美好生活需求的革新。2015 年，在巴黎举行的第 21 届全球气候变化大会上通过的《巴黎协定》，确定了"把全球平均气温较工业化前水平升高控制在 2.0℃之内，并为把升温控制在 1.5℃之内而努力"的全球目标，奠定了世界各国广泛参与碳减排的基本格局。

2015 年以来，在各国的大力推动下，发展绿色建筑，减少能源消耗和环境污染，力争实现建筑、自然和人三者之间的和谐统一，已成为全球建筑业发展的共识。随着可持续发展理念越来越关注人类健康与福祉，"以人为本"成为全球绿色建筑发展的主要导向。在可持续发展理念的指引下，全球绿色建筑的理念不断丰富，标准不断完善，实践如火如荼。根据《2020 中国绿色建筑市场发展研究报告》，近几年来全球绿色建筑项目总量增长较快的国家和地区有中国、巴西、东欧和阿拉伯半岛等。截至 2020 年末，北美、欧洲和亚太地区是全球三大绿色建筑市场，北美和欧洲目前仍是绿色建筑发展的引领者。英国建筑研究院环境评估法（BREEAM）、法国高品质环境评价体系（HQE）能源与环境设计先锋（LEED）是全球获得认证数量项目最多的绿色建筑评价体系[1]。中国绿色建筑全面发展态势已逐步显现。世界绿色建筑委员会网站显示，在美国绿色建筑委员会（USGBC）公布的年度全球十大 LEED 市场排名（不含美国）中，中国以累计超过 1.1 亿 m² 的认证总面积连续五年登上榜单首位。

近几年来，近零能耗建筑成为建筑领域应对气候变化的解决方案之一。2015 年，德国发布新版被动房标准，2017 年，美国未来生活委员会修订了其零能耗认证标准，世界绿色建筑委员会提出"2050 年建筑全零碳"目标。2019 年，美国绿色建筑委员会发布 LEED 零能耗、零碳认证体系，2019 年，中国发布实施《近零能耗建筑技术标准》

---

[1] 中国房地产协会，友绿网.2020 中国绿色建筑市场发展研究报告.

GB/T 51350—2019，提出超低能耗建筑、近零能耗建筑、零能耗建筑"三步"能效提升路线。超低能耗建筑在北京、天津、河北、山东等地实现突破❶。

## 1.2　国　内　发　展

"十三五"期间，我国绿色建筑发展整体步入新台阶，进入全面、高速发展阶段，每年新增绿色建筑标识项目数量约 3500 个。截至"十三五"期末，我国绿色建筑标识项目总量达 2.47 万个，建筑面积超过 25.69 亿 m²；装配式建筑新开工面积由 2015 年的 0.73 亿 m² 增长到 6.30 亿 m²，占当年城镇新建建筑面积的比例由 2015 年的 2.7% 增长到 20% 以上。其中，累计绿色建筑面积量排名前四位的省份分别是江苏、广东、浙江和山东。与此同时，绿色建筑增量成本大幅下降，2010 年到 2020 年间，一、二、三星级公共建筑和住宅建筑的增量成本分别下降了 47%、52%、66% 和 36%、71%、80%，绿色建筑等级越高，增量成本下降越明显❷。

"十三五"时期，中国的城镇化进程加速，水平和质量稳步提升。截至 2020 年末，我国常住人口城镇化率超过 60%。然而快速城镇化进程带来的城市环境恶化、资源供给不足、城市能耗居高不下等问题日益加剧，严重影响城乡可持续发展。中央城市工作会议、党的十九大报告进一步明确了"绿色"战略导向，指出"必须坚定不移贯彻创新、协调、绿色、开放、共享的发展理念，坚持人与自然和谐共生"。党中央高度重视绿色建筑发展，已将其列入《中华人民共和国国民经济和社会发展第十三个五年规划纲要》和《建筑节能与绿色建筑发展"十三五"规划》。2020 年 9 月 22 日，习近平总书记在七十五届联合国大会上向国际社会作出"二氧化碳排放力争于 2030 年前达到峰值，努力争取 2060 年前实现碳中和"的庄严承诺。同年，住房和城乡建设部将"美丽城市""完整社区"纳入重点工作，出台了《绿色建筑创建行动方案》《绿色社区创建行动方案》和《绿色建筑标识管理办法》。2021 年 3 月，十三届全国人大四次会议通过《中华人民共和国国民经济和社会发展第十四个五年规划和 2035 年远景目标纲要》，提出落实 2030 年应对气候变化国家自主贡献目标，制定 2030 年前碳排放达峰行动方案，推动能源清洁低碳、安全高效利用，深入推进工业、建筑、交通等领域低碳转型。

各地积极制定发布建筑节能与绿色建筑相关规划，多个省市在建筑节能与绿色建筑"十四五"规划中对绿色建筑相关内容作了要求。截至 2021 年 3 月底，26 个省（区、

❶　住房和城乡建设部科技与产业化发展中心. 中国建筑节能发展报告（2020）［R］. 北京：中国建筑工业出版社，2020.

❷　中国房地产业协会，友绿网. 2020 中国绿色建筑市场发展研究报告［R］.

市）已发布了地方绿色建筑创建实施方案，江苏、浙江、宁夏、河北、辽宁、内蒙古、广东等地颁布了绿色建筑地方法规，山东、江西、青海、天津等地发布了绿色建筑政府规章❶。

2019 年 8 月 1 日实施的《绿色建筑评价标准》GB/T 50378—2019 将绿色发展理念落实到建筑绿色发展要求中，力求进一步提升建筑品质，提高百姓的获得感、幸福感。同时，住房和城乡建设部发布的《绿色商店建筑评价标准》GB/T 51100—2015、《绿色医院建筑评价标准》GB/T 51153—2015、《绿色博览建筑评价标准》GB/T 51148—2016、《绿色饭店建筑评价标准》GB/T 51165—2016、《绿色生态城区评价标准》GB/T 51255—2017、《绿色工业建筑评价标准》GB/T 50878—2013、《既有建筑绿色改造评价标准》GB/T 51141—2015 等标准规范，涵盖了城区建设、建筑设计、施工、运行、改造等不同类型的不同阶段，为绿色建筑的高质量发展提供了技术支撑。

与此同时，绿色理念相关的技术体系研究还应用到了建筑节能、环境品质提升、工程建设效率和质量安全等重要领域，比如建筑实现碳中和路径、既有建筑综合性能提升、既有建筑和社区绿色改造、建筑热环境关键技术、钢结构与可持续发展、BIM 技术应用、基于物联网和大数据的关键技术研究等，为我国绿色建筑及建筑工业化实现规模化、高效益和可持续发展提供了理论基础和技术指导❷。

## 1.3　江　苏　概　况

江苏绿色建筑工作起步较早，2015 年，江苏在全国率先发布实施了《江苏省绿色建筑发展条例》，将绿色建筑要求纳入立项审批、规划设计、施工图审查、竣工验收等环节，启动了法制保障下全面推广绿色建筑的进程。《江苏省绿色建筑发展条例》实施后，全省各地认真贯彻落实相关要求，制定了以发展绿色建筑为核心的政策体系，构建了贯穿绿色建筑规划、设计、施工、检测、验收全过程的闭合监管机制，通过各级专项资金的支持带动，积极探索实践高品质绿色建筑和绿色城区。同时，江苏每年开展绿色建筑相关考核，考核结果作为省政府能耗总量、强度"双控"考核和生态文明考核依据之一，并将绿色建筑发展相关指标纳入省生态文明建设规划、省人居环境奖创建指标、大气污染防治行动计划以及高质量发展监测评价等体系之中。截至 2020 年末，全省累计新增节能建筑 23 亿 m²，建成绿色建筑面积超 8 亿 m²，共有 5416 项、面积 5.5

❶ 中国房地产业协会，友绿网. 2020 中国建筑市场发展研究报告［R］.
❷ 中国城市科学研究会. 中国绿色建筑 2021［R］. 北京：中国建筑工业出版社，2021.

亿 m² 项目获得绿色建筑评价标识，城镇新建绿色建筑占新建建筑比例由近 53% 提升至 98%，节能建筑规模、绿色建筑标识面积、城镇绿色建筑面积占新建建筑比例等关键指标均在国内位居前列。

江苏在国家和行业标准基础上，先后发布了全面覆盖设计、施工、验收以及检测的地方标准，形成了系统完善、分级明确、层次清晰的绿色建筑标准体系。2019～2020 年，江苏积极回应新时代下绿色建筑内涵的拓展，修订并发布了《绿色建筑设计标准》 DB 32/3962—2020、《住宅设计标准》DB 32/3920—2020、《居住建筑热环境和节能设计标准》DB 32/4066—2021，制定发布了《江苏省民用建筑施工图绿色设计文件编制深度规定》《江苏省民用建筑施工图绿色设计文件技术审查要点》《江苏省超低能耗居住建筑技术导则（试行）》等一系列技术文件。

江苏不断健全技术支撑体系，积极开展科研成果和技术产品评估推广，不断引领绿色建筑发展。围绕装配式建筑、超低（近零）能耗建筑、建筑信息模型、智能智慧等前沿技术领域，开展了《绿色保障性住房关键技术研究与应用示范》《绿色智慧建筑（新一代房屋）课题研究与示范》等多项重大课题研究，先后获得多项省部级科学技术奖，进一步推进全省绿色建筑高质量发展。江苏省住房和城乡建设厅科技发展中心和江苏省建筑科学研究院等单位倡议成立"国际绿色建筑联盟"，与法国、德国、芬兰等国的相关机构在绿色建筑和生态城市发展方面积极开展合作交流，深化绿色建筑国际交流合作，为实现绿色建筑理念相通、人才流通、标准联通、产业畅通做出了卓有成效的工作。

# 第 2 章　成 效 总 结

## 2.1　总 体 成 效

"十三五"期间，全省累计节能建筑面积 86148 万 $m^2$（公共建筑 21922 万 $m^2$、居住建筑 64226 万 $m^2$）、新增可再生能源建筑应用面积 37086 万 $m^2$（太阳能热水系统应用面积 35335 万 $m^2$，地源热泵系统应用面积 1751 万 $m^2$）、新增光电建筑装机容量约 600 万 kW，对面积 4409 万 $m^2$（公共建筑面积 2681 万 $m^2$、居住建筑面积 1728 万 $m^2$）既有建筑进行了节能改造。全省城镇新建建筑全面按一星以上绿色建筑标准设计建造，新增绿色建筑标识项目面积 43794 万 $m^2$，其中二星级及以上绿色建筑设计标识比例超过 87%，公共建筑运行标识面积 1158 万 $m^2$。新增省级绿色城区项目 18 个，其中提档升级项目 5 个，创建住房和城乡建设部绿色城市科技示范工程项目 3 项。创建国家级装配式建筑示范城市 5 个、产业基地（园区）27 个，创建省级建筑产业现代化示范城市（园区）20 个、示范基地 196 个、示范项目 136 个，新开工的装配式建筑面积约 1.3 亿 $m^2$，占当年新建建筑比例从 3% 上升到约 30.8%。绿色建筑发展圆满完成"十三五"规划确立的任务指标（表 1-2-1）。

"十三五"江苏省绿色建筑任务指标完成情况❶　　　　　表 1-2-1

| 类别 | 任务 | | "十三五"规划指标 | 完成情况 |
|---|---|---|---|---|
| 建筑节能 | 建筑节能标准 | | 由 65% 向 75% 过渡 | 编制完成《居住建筑热环境和节能设计标准》（75% 节能），在绿色城区中开展项目试点 |
| | 新增节能量 | | 1450 万吨标准煤 | 3183 万吨标准煤 |
| | 其中 | 新建建筑节能 | 1240 万吨标准煤 | 2856 万吨标准煤 |
| | | 可再生能源应用 | 65 万吨标准煤 | 151 万吨标准煤 |
| | | 既有建筑改造 | 145 万吨标准煤 | 176 万吨标准煤 |

❶　表格来源：《江苏省"十四五"绿色建筑高质量发展规划》。

| 类别 | 任务 | "十三五"规划指标 | 完成情况 |
|---|---|---|---|
| 绿色建筑 | 一星级绿色设计标识比例 | 100%（2016 年） | 100%（2016 年） |
| | 二星级及以上绿色设计标识比例 | 50%（南京市、苏南60%） | 78%（全省） |
| | 公共建筑中绿色运行标识面积 | 1000 万 m² | 1158 万 m² |
| 绿色生态城区 | 建设绿色建筑区域示范 | 15 个 | 18 个 |
| | 建设国家绿色生态示范区 | 3 个 | 3 个 |
| | 已建绿色示范区提档升级 | 5 个 | 5 个 |
| 装配式建筑 | 国家级建筑产业现代化基地 | 20 个 | 27 个 |
| | 国家级示范城市 | 3 个 | 5 个 |
| | 省级示范城市 | 15 个 | 20 个（含示范园区） |
| | 省级示范基地 | 100 个 | 196 个 |
| | 省级示范项目 | 100 个 | 136 个 |
| | 装配式建筑占新建建筑的比例 | 30% | 30.8% |

## 2.2  建筑节能发展成效

### 2.2.1  节能建筑规模不断扩大

"十三五"期间，江苏省在继续执行《江苏省居住建筑热环境和节能设计标准》DGJ 32/J 71—2014 和《江苏省绿色建筑设计标准》DGJ 32/J 73—2014 的基础上，总结经验，并根据国家对绿色建筑的新要求，对上述两个标准进行了修编，提升了江苏省新建建筑的节能水平，从根本上保障了绿色建筑和节能建筑要求在设计环节中的落实。

2019～2020 年，江苏累计新增节能建筑 35352 万 m²，其中公共建筑 8104 万 m²，居住建筑 27348 万 m²。截至 2020 年末，全省累计节能建筑规模总量达 23 亿 m²，占城镇建筑总量的 63.3%（图 1-2-1），比 2015 年末增长 11.4%；既有建筑节能改造规模总量达 7388 万 m²，占全省非节能建筑总量的 5.5%。

### 2.2.2  可再生能源建筑应用深入推进

"十三五"期间，江苏积极贯彻《江苏省绿色建筑发展条例》中对可再生能源建筑应用的要求，新建的政府投资公共建筑、大型公共建筑应当至少利用一种可再生能源。新建住宅和宾馆、医院等公共建筑应当设计、安装太阳能热水系统。同时，江苏大力支持以合同能源管理模式推动可再生能源建筑应用和既有建筑节能改造。引导资金支持的

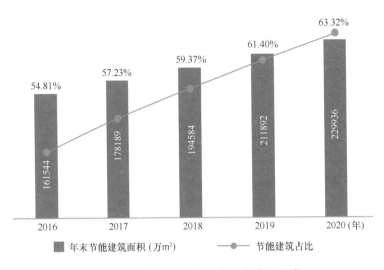

图 1-2-1　2016～2020 年江苏节能建筑规模

示范项目已达 102 个，大部分的既有建筑改造项目都根据建筑场地情况和用能特点，因地制宜地新设了太阳能热水系统、太阳能光伏系统，提高建筑运行能效。

2019～2020 年，新增可再生能源建筑应用面积 17211 万 $m^2$，其中太阳能热水系统应用面积 16685 万 $m^2$，浅层地热能建筑应用面积 526 万 $m^2$（图 1-2-2）。截至 2020 年末，全省累计可再生能源建筑应用规模总量达 7.2 亿 $m^2$，其中太阳能光热建筑应用面积 67956.4 万 $m^2$、浅层地热能建筑应用面积 4391.6 万 $m^2$。年节能量 110.5 万吨标准煤，碳减排量 289.5 万 t。

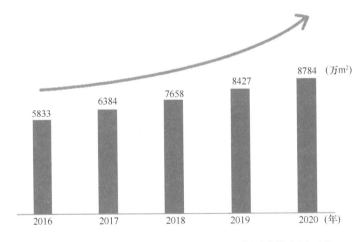

图 1-2-2　2016～2020 年江苏新增可再生能源建筑应用面积

### 2.2.3　新建建筑节能标准持续提高

"十三五"期间，江苏省开始实施居住建筑 65% 节能标准，相比原有节能标准，大幅度提升了本地区建筑节能水平，2021 年将开始执行 75% 节能标准。

同时，进一步推进超低能耗建筑的研究工作。"十三五"期间，启动了 11 个超低能耗建筑示范项目的建设。在总结这些项目经验的基础上，2020 年，发布了《江苏省超低能耗居住建筑技术导则（试行）》，导则的制定为 2025 年新建建筑全面按照超低能耗标准设计建造探索了技术路径。在超低能耗建筑的研究基础上，江苏省也开展了近零能耗建筑、产能建筑等前瞻性技术研究，为实现"碳达峰、碳中和"目标做技术储备。

### 2.2.4 既有建筑能效提升稳步推进

"十三五"期间，江苏总计对 4409 万 m² 的既有建筑进行了节能改造，其中公共建筑 2681 万 m²、居住建筑 1728 万 m²。通过既有建筑改造项目的实施，带动新型建筑墙体、节能门窗、供暖空调及新能源等相关产业发展，挖掘了新的经济增长点，创造了更多的就业机会。

在注重单体建筑能效提升的同时，江苏积极谋划建筑能耗总量控制工作，完成了《江苏省建筑能耗总量控制实施机制研究》，开展了《公共机构建筑能耗定额制定与推进机制研究》。全省 11 个设区市完成了公共建筑能耗限额制定的研究，为落实"碳达峰、碳中和"目标提供有力支撑。

## 2.3 绿色建筑发展成效

### 2.3.1 绿色建筑全面普及

"十三五"期间，江苏全面落实《江苏省绿色建筑发展条例》要求，新建城镇民用建筑全面按照绿色建筑标准设计建造，建立并完善绿色建筑全过程监管机制。全省绿色建筑标识项目数量和面积迅速增长，持续保持全国领先，累计新增绿色建筑标识项目 4348 项（设计标识 4130 项、运行标识 218 项），总建筑面积达到 43793.5 万 m²（设计标识面积 41106.9 万 m²、运行标识面积 2686.6 万 m²）。其中，2019~2020 年发展较快，累计绿色建筑标识项目 2648 项，总量与过去 8 年基本持平，总建筑面积达到 26215.1 万 m²，包括设计标识 2499 项，建筑面积 24488.0 万 m²，较 2018 年底的 16618.8 万 m² 增长 147%；运行标识 149 项，建筑面积 1727.1 万 m²，较 2018 年底的 959.6 万 m² 增长 180%（图 1-2-3、图 1-2-4）。

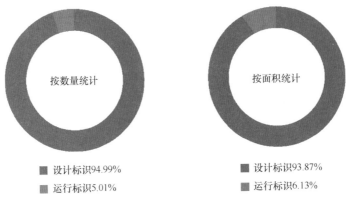

图 1-2-3　"十三五"期间江苏绿色建筑标识类型占比

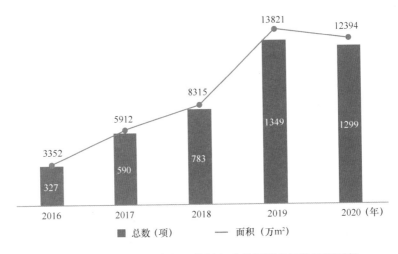

图 1-2-4　"十三五"期间江苏绿色建筑标识项目数量和面积

### 2.3.2　绿色建筑品质不断提升

"十三五"期间，江苏在绿色建筑发展规模持续增长的同时，努力推进高品质绿色建筑建设，积极贯彻落实"适用、经济、绿色、美观"的建筑方针，以绿色惠民为目标导向、以创新科技为技术支撑、以绿色空间（绿色建筑、绿色社区、绿色城区等）为物质载体，促进装配式建筑、超低（近零）能耗建筑、BIM、智能智慧等技术与绿色建筑深度融合的相关研究及示范。同时，积极落实《绿色建筑设计标准》DB 32/3962—2020 中强制性条文"人员密集的公共场所应设置室内空气质量监测装置，并在建筑主要出入口和相应监测楼层实时公告监测数据"的要求，让群众对绿色建筑有切身感受，增加社会认同感。2019 ~ 2020 年，江苏开展了 17 个高品质绿色建筑实践项目试点，预期建成面积超 120 万 $m^2$，为促进江苏绿色建筑向高质量发展做出了有益探索（图 1-2-5）。

图 1-2-5　"十三五"期间江苏绿色建筑标识各星级项目数量（单位：项）

### 2.3.3 绿色建筑类型和区域均衡发展

"十三五"期间，江苏绿色建筑项目类型覆盖更全面，全省新增住宅建筑类 2367 项，公共建筑类 1949 项，工业建筑类 32 项（图 1-2-6）。绿色建筑地域分布更均衡，13 个设区市认真贯彻落实《江苏省绿色建筑发展条例》要求，各地绿色建筑工作取得显著进展，宿迁、连云港两市城镇绿色建筑占新建建筑比例分别从 2018 年末 50.6%、65.4% 上升至 2020 年末 97.0%、96.5%。截至 2020 年末，全省城镇绿色建筑占新建建筑比例均达 97.0%，其中南京、无锡、苏州、南通、盐城、镇江、泰州等 7 市城镇绿色建筑占新建建筑比例达 100%（图 1-2-7）。

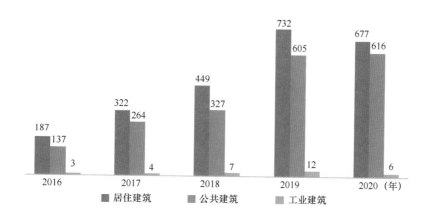

图 1-2-6　"十三五"期间江苏绿色建筑标识项目类型（单位：项）

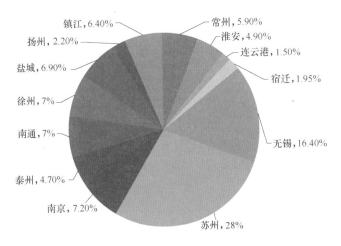

图 1-2-7　"十三五"期间江苏各设区市绿色建筑标识项目数占比

## 2.4　绿色城区发展成效

### 2.4.1　政策机制不断健全

"十三五"期间，各绿色城区发布实施高品质绿色建筑、75% 节能标准建筑、超低能耗建筑、建筑能效提升等高标准的绿色建筑激励政策，进一步加大对新建建筑的全过程监管力度，创新并健全绿色建筑基本建设程序管理，形成了各部门工作联动、齐抓共管的工作机制。截至 2020 年末，江苏累计设立 76 个省级绿色城区（图 1-2-8），各绿色城区制定了一套以绿色建筑为核心，涵盖推动绿色建筑标识评价、装配式建筑推广、既有建筑绿色改造、公共建筑节能运行管理、可再生能源建筑一体化应用、建筑信息模型（BIM）技术应用等在内的 637 项激励政策的完整体系。

无锡市从 2017 年开始，新建民用建筑全部执行二星级及以上绿色建筑标准。在土地划拨/出让、项目立项/核准/备案、规划方案、方案设计、工程规划许可、工程设计、建设施工、质量监督、房屋销售、工程验收等十大环节落实绿色建筑相关要求，形成了绿色建筑全过程闭合监管的长效管理机制。南通市将全面推进绿色建筑发展作为本市减少煤炭消费总量的主要任务，提出全市新建保障性住房、建筑节能与绿色建筑示范区中的新建项目、各类政府投资的公益性建筑以及大型公共建筑四类新建项目，率先按二星级以上绿色建筑标准设计建造。徐州市出台了强制与鼓励相结合的政策，在建筑项目的立项、规划、设计、招标、施工、验收等环节，明确监管主体部门和具体监管要求，逐步形成了一套行之有效的绿色建筑全过程闭合监管体系，对绿色建筑规模化、规范化发

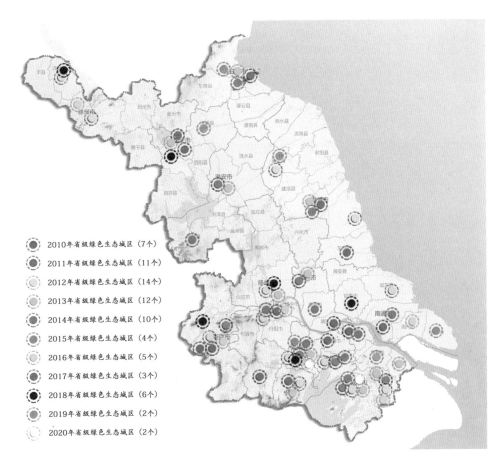

图 1-2-8　2010～2020 年江苏省绿色生态地区分布图

展起到了积极作用。

## 2.4.2　专项规划落地落实

全省 76 个绿色城区累计开展了超过 400 项基于绿色生态理念的专项规划编制，构建了以绿色建筑、城市建筑能源系统、水资源综合利用、绿色交通、固体废弃物综合利用等专项规划为核心内容的绿色生态城区专项规划体系。2018 年 11 月，省住房和城乡建设厅发布实施了《江苏省绿色生态城区专项规划技术导则（试行）》，规范和指导全省绿色城区专项规划编制和管理工作，提高专项规划的科学性和可操作性。

各地积极推进专项规划成果落地实施，苏州市严格落实《苏州市城区绿色建筑布局规划》，在土地出让、设计、建造等环节落实规划确定的绿色建筑星级。以南京南部新城、昆山经济技术开发区、常州市武进区、淮安生态新城等为代表的一大批区域示范项目，已将专项规划指标纳入控制性详细规划中，将专项规划指标及技术方案落地实施上升为法定层面，有效指导和推进绿色建筑和绿色城区发展（图 1-2-9）。

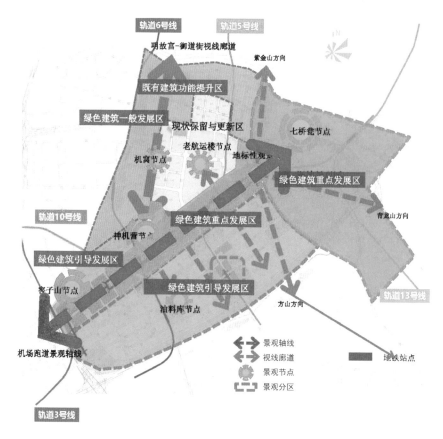

图 1-2-9　南京市南部新城绿色建筑专项规划图

### 2.4.3　人居环境持续优化

江苏以绿色城区为载体，积极开展高品质绿色建筑、75%建筑节能率、超低能耗建筑、建筑能效提升等示范项目建设，同步推动城乡建设相关重点工作先行先试，重点开展建筑产业现代化、海绵城市、地下综合管廊建设与应用、智慧城市建设、住宅全装修、绿色施工、建筑垃圾资源化利用等新型基础设施建设，使得人居环境持续改善，群众生活品质不断提高，为深入推进美丽江苏建设提供有力支撑。"十三五"期间，新设立省级绿色城区 18 项，预期建成绿色建筑示范总面积超过 3000 万 $m^2$，其中二星级及以上绿色建筑占比超过 80%，高品质绿色建筑 129.1 万 $m^2$，超低能耗被动式建筑面积 4 万 $m^2$。绿色建筑示范项目全部建成运营后，年节能量超过 22 万吨标准煤，碳减排量 57.2 万 t。

各绿色城区基于自身优势，开展了多种路径、特色鲜明的绿色生态建设实践，如南京江北新区核心区、泰州医药城开展了以区域能源站建设为抓手的绿色生态建设实践（图 1-2-10），在清洁能源和能源梯级利用方面做出积极探索；昆山经济技术开发区按

图 1-2-10　南京江北新区核心江水源热泵能源站规划图

照水资源综合利用专项规划、海绵城市建设实施方案，建成白土浦公园、湿地公园、体育公园、小虞河湿地公园等一批海绵城市技术应用项目（图 1-2-11）；盐城、常州推进BRT 绿色交通系统等建设方面成效显著，苏州高新区为人们打造便利的有轨电车生活圈（图 1-2-12）；徐州、连云港、淮安开展城市生态修复，恢复自然水系、湿地和植被，提升城市环境品质等工作。截至 2020 年末，江苏累计获得"中国人居环境奖"城市 15 个，创建了 9 个国家生态园林城市，扬州、张家港、南京、昆山、徐州 5 个城市获得"联合国人居奖"。

(a)

(b)

图 1-2-11　昆山经济技术开发区海绵城市建设

（a）白土浦公园；（b）小虞河湿地公园

(a)

(b)

图 1-2-12 绿色交通系统

（a）盐城 BRT 公交；（b）苏州高新区有轨电车

# 第 3 章  荣 誉 总 结

## 3.1  总 体 情 况

"十三五"期间，江苏建设科技成果荣获了众多省部级奖项，据不完全统计，获江苏省科学技术奖励一等奖 10 项、华夏建设科学技术奖一等奖 4 项、全国绿色建筑创新奖一等奖 4 项、中国工程建设标准化协会标准科技创新奖一等奖 1 项。

2019～2020 年，江苏建设科技成果获省科学技术奖一等奖 1 项，二等奖 2 项，三等奖 2 项；获华夏建设科学技术奖一等奖 3 项，二等奖 2 项，三等奖 9 项；获全国绿色建筑创新奖一等奖 4 项，二等奖 1 项，三等奖 3 项；获江苏省建设科技创新成果奖一等奖 3 项，二等奖 2 项（表 1-3-1～表 1-3-4）。

2019～2020 年江苏省建设科技成果获省科学技术奖汇总　　　表 1-3-1

| 序号 | 获奖年份 | 项目名称 | 奖项 | 完成单位 |
|---|---|---|---|---|
| 1 | 2019 | 浅层地热能高效可持续开发关键技术及应用 | 一等 | 南京大学、中国地质科学院、山东亚特尔集团股份有限公司、南京丰盛新能源科技股份有限公司、苏交科集团股份有限公司、南京吉坦工程技术有限公司、江苏省有色金属华东地质勘查局、山东大学 |
| 2 | 2019 | 建筑节能用岩棉制品规模化、全流程绿色生产技术与应用评价 | 二等 | 中材科技股份有限公司、南京玻璃纤维研究设计院有限公司 |
| 3 | 2019 | 工业废渣协同制备节能墙材的关键技术与产业化开发 | 三等 | 盐城工学院、江苏博拓新型建筑材料有限公司、南京工业大学、盐城市鼎力新材料有限公司 |
| 4 | 2019 | 基于绿色建筑电梯平衡产品的关键制备技术及应用 | 三等 | 江苏兴华胶带股份有限公司、华东理工大学、江苏理工学院 |
| 5 | 2020 | 复杂曲面大跨空间结构形态构建与节点设计关键技术研究与工程应用 | 二等 | 东南大学、中国矿业大学、广东省建筑科学研究院集团股份有限公司、中建科工集团有限公司 |

注：来源于江苏省科学技术厅官网。

## 2019～2020年江苏建设科技成果获华夏建设科学技术奖汇总    表1-3-2

| 序号 | 获奖年份 | 项目名称 | 奖项 | 完成单位 |
|---|---|---|---|---|
| 1 | 2019 | 控制性详细规划实施评估研究以昆山市为例 | 三等 | 江苏省城市规划设计研究院 |
| 2 | | 昆山市海绵城市建设实施方案研究 | 三等 | 江苏省城市规划设计研究院 |
| 3 | | 超大面积钢结构屋盖网架液压提升关键技术研究 | 三等 | 南通四建集团有限公司、上海同及宝建设机器人有限公司 |
| 4 | | 数字工地智慧安监平台及智能化技术研究与应用 | 三等 | 江苏省建筑安全监督总站、南京市建筑安全生产监督站、南京傲途软件有限公司、南京长江都市建筑设计股份有限公司、中建八局第三建设有限公司 |
| 5 | | 农村居民集中居住区现代化人居环境构建关键技术研究 | 三等 | 江苏建筑职业技术学院、徐州市住房和城乡建设局、徐州市环能生态技术有限公司 |
| 6 | 2020 | 绿色保障性住房关键技术研究与应用示范 | 一等 | 江苏省住房和城乡建设厅科技发展中心、江苏省建筑科学研究院有限公司、南京安居保障房建设发展有限公司、南京工业大学、东南大学、南京长江都市建筑设计股份有限公司、江苏丰彩建筑科技发展有限公司、苏州市建筑科学研究院集团股份有限公司 |
| 7 | | 苏州中心"未来之翼"超长形异形网格结构关键技术创新与应用 | 一等 | 中亿丰建设集团股份有限公司、中衡设计集团股份有限公司、江苏沪宁钢机股份有限公司、苏州金螳螂幕墙有限公司 |
| 8 | | 城市设计数字化平台关键技术研究与应用 | 一等 | 东南大学、上海数慧系统技术有限公司、威海市城乡规划编研中心有限公司 |
| 9 | | 城市更新中历史街区建筑修复保护关键技术 | 二等 | 江苏省华建建设股份有限公司、江苏中程建筑有限公司、上海长凯岩土工程有限公司、上海同瑞土木工程技术有限公司 |
| 10 | | 江苏省住建领域从业人员考核一体化管理创新及平台研发应用 | 二等 | 江苏省住房和城乡建设厅执业资格考试与注册中心、全美在线（北京）教育科技股份有限公司、国泰新点软件股份有限公司 |
| 11 | | 超高束筒结构清水混凝土施工创新技术 | 三等 | 中亿丰建设集团股份有限公司、北京卓良模板有限公司、昆山市建国混凝土制品公司 |
| 12 | | 新型装配式建筑设计理论、技术与应用 | 三等 | 东南大学、中国建筑标准设计研究院有限公司、东南大学建筑设计研究院有限公司、南京建工集团有限公司、南京禹腾信息科技有限公司 |
| 13 | | 近海盐渍土层中新型耐久桩关键技术研究与实践 | 三等 | 江苏东浦管桩有限公司、连云港市建材建机与装饰装修管理处、连云港市建筑设计研究院有限责任公司、水利部、交通运输部、国家能源局南京水利科学研究院、北京荣创岩土工程股份有限公司 |
| 14 | | 镇江海绵城市建设全过程技术研究 | 三等 | 亚太建设科技信息研究院有限公司、中国市政工程华北设计研究总院有限公司、江苏满江春城市规划设计研究有限责任公司、新地中联工程设计有限公司、光大水务科技发展（南京）有限公司 |

注：来源于华夏建设科学技术奖励委员会公告。

**2020 年江苏绿色建筑项目获全国绿色建筑创新奖汇总**　　　　表 1-3-3

| 序号 | 项目名称 | 奖项 | 完成单位 |
|---|---|---|---|
| 1 | 第十届江苏省园艺博览会博览园主展馆 | 一等 | 东南大学、南京工业大学、东南大学建筑设计研究院有限公司、南京工业大学建筑设计研究院、扬州园博投资发展有限公司、苏州昆仑绿建木结构科技股份有限公司 |
| 2 | 常州建设高等职业技术学校新校区建设项目 | 一等 | 江苏城乡建设职业学院、常州市规划设计院、江苏省住房和城乡建设厅科技发展中心、深圳市建筑科学研究院股份有限公司、江苏城建校建筑规划设计院 |
| 3 | 中衡设计集团研发中心 | 一等 | 中衡设计集团股份有限公司 |
| 4 | 丁家庄二期（含柳塘）地块保障性住房项目（奋斗路以南 A28 地块） | 一等 | 南京安居保障房建设发展有限公司、南京长江都市建筑设计股份有限公司、中国建筑第二工程局有限公司 |
| 5 | 常州市武进绿色建筑研发中心维绿大厦 | 二等 | 常州市武进绿色建筑产业集聚示范区管委会、上海市建筑科学研究院有限公司、江苏省住房和城乡建设厅科技发展中心 |
| 6 | 苏州工业园区体育中心服务配套项目 | 三等 | 中国建筑第八工程局有限公司、苏州新时代文体会展集团有限公司、上海建筑设计研究院有限公司 |
| 7 | 海门龙信广场 1～14 号楼 | 三等 | 江苏龙信置业有限公司、中国建筑技术集团有限公司 |
| 8 | 扬州市蓝湾国际 22～39、48～49 号楼项目 | 三等 | 恒通建设集团有限公司、扬州裕元建设有限公司、扬州通安建筑节能研究有限公司、南京启文节能环保科技有限公司、江苏筑森建筑设计有限公司、江苏恒通不动产物业服务有限公司 |

注：来源于住房和城乡建设部官网。

**2019～2020 年江苏绿色建筑相关科技项目获省建设科技创新成果汇总**　　表 1-3-4

| 序号 | 获奖年份 | 项目名称 | 奖项 | 完成单位 |
|---|---|---|---|---|
| 1 |  | 《住宅设计标准》DGJ 32/J 26—2017 | 一等 | 南京长江都市建筑设计股份有限公司、江苏省消防救援总队、江苏省建筑科学研究院有限公司 |
| 2 | 2019 | 绿色保障性住房关键技术研究与应用示范 | 一等 | 江苏省住房和城乡建设厅科技发展中心、江苏省建筑科学研究院有限公司、南京安居建设集团有限责任公司、南京工业大学、东南大学、南京长江都市建筑设计股份有限公司、江苏丰彩建筑科技发展有限公司 |
| 3 |  | 丁家庄二期（含柳塘）地块保障性住房项目（奋斗路以南 A28 地块） | 二等 | 南京长江都市建筑设计股份有限公司、南京安居保障房建设发展有限公司、中国建筑第二工程局有限公司 |

| 序号 | 获奖年份 | 项目名称 | 奖项 | 完成单位 |
|---|---|---|---|---|
| 4 | 2020 | 应急性医疗救治建筑设计系统方法、关键技术与工程应用 | 一等 | 东南大学建筑设计研究院有限公司、南京大学建筑规划设计研究院有限公司、江苏省建筑设计研究院有限公司、中建八局第三建设有限公司 |
| 5 | | 既有公共建筑节能改造关键技术研究与城市应用示范 | 二等 | 常州市住房和城乡建设局、南京工业大学、常州市武进区建设工程施工图设计审查中心、常州市城建艾科绿色技术有限公司、盐城金坤节能科技有限公司、常州燕润能源科技有限公司 |

注：来源于江苏省住房和城乡建设厅官网。

# 3.2　部分成果介绍

由于篇幅所限，本节选取部分江苏省建设科技成果进行介绍。

## 3.2.1　绿色保障性住房关键技术研究与应用示范

1. 研究背景

江苏保障性住房建设总量虽然逐年增加，然而受技术成熟度等约束，保障房距离安全、舒适、绿色的目标还有一定差距。面对江苏资源环境约束大、绿色保障性住房建设需求量大、百姓期待高的特点，创新规划设计等理论，开展绿色保障性住房关键技术研究，完善相关标准内容和体系，确保绿色保障性住房数量和质量同步推进发展。

2. 研究目标

（1）开展间歇空调模式下保障房围护结构热工性能优化配置、围护结构保温隔热关键技术、高密度住宅群可再生能源应用优化、高容积率条件下绿色规划与建筑设计理论等方面的技术攻关。

（2）开发高效适用的绿色建筑产品，形成相关产品专利及标准。将创新成果以产品、标准、技术等形式用于绿色保障性住房建设实践。

3. 主要研究内容

（1）优选适宜本地区应用的绿色技术，总结形成适合本地区的绿色保障性住房技术体系。

（2）开展间歇空调模式下保障房围护结构热工性能优化、围护结构保温隔热隔声关键技术、高密度高层住宅可再生能源集成应用优化、保障性住房绿色规划与宜居设计理论与关键技术等研究。

（3）开展 10 余项绿色保障性住房示范工程建设，对绿色技术在保障性住房中的应用效果进行检验，为规模化推广应用提供支撑。

4. 创新点

（1）创新性地提出了适应供暖空调系统间歇运行的内外围护结构设计和性能配置要求，配套研发的浮筑楼板保温隔声系统的传热系数比现行标准要求降低 25%、隔声性能提升 20%。

（2）研发了标准化外窗系统等新技术、新工艺，配套开发了遮阳保温一体化外窗、标准化附框等系列产品。

（3）国内首次提出基于相变防冻的太阳能供水技术，研发了防冻太阳能供水装置，构建了高密度保障房太阳能光热与空气源热泵联合应用模式。

（4）创新性地提出了以持续可居性为核心的住房全生命期可变户型设计理念，经实践形成了一系列可复制可推广的设计方法。

5. 专家点评

刘加平（中国工程院院士、西安建筑科技大学教授）：成果针对江苏省保障性住房建设面临的低成本、高密度、小户型、冬冷夏热气候等约束条件，开展了高密度规划与宜居设计方法、间歇运行模式下住宅围护结构热工性能优化技术、高层太阳能光热与空气源热泵联合应用、装配化装修等绿色保障性住房关键技术研究；通过模拟分析和工程试验与示范，对关键技术和措施进行了优化和完善；通过现场测试和用户体验调研，检验了保障性住房技术体系的适用性。

研究成果在江苏省内 149 个绿色保障房项目中得到应用，经现场检测和抽样调查，实现了居住舒适度的显著提升和建筑能耗的降低，住户满意度高，社会经济效益显著（图 1-3-1、图 1-3-2）。

成果总体达到国内领先水平，其中标准化外窗系统、高密度间歇模式下改善建筑室

(a)　　　　　　　　　　　　　　　(b)

图 1-3-1　绿色保障性住房

（a）南京岱山保障房 5 号地块；（b）南京上坊经济适用房

内热环境技术、高层建筑可再生能源建筑一体化应用技术达到国际先进水平。

（a）　　　　　　　　　　　　（b）

图 1-3-2　绿色保障性住房相关技术应用

（a）太阳能光热与空气源热泵联合应用；（b）阳台壁挂式太阳能热水系统

### 3.2.2　第十届江苏省园艺博览会博览园主展馆

1. 项目概况

第十届江苏省园艺博览会博览园主展馆项目位于扬州市仪征市枣林湾生态园景区，总建筑面积1.4万 m²，项目设计将建筑行为学、绿色建筑、中华传统文脉等理念与现代木结构体系进行了整合，通过"别开林壑"立意进行布局以引人入胜，通过"随物赋形"策略展开设计以表达形意结合，又通过"构筑一体"方式展开营造以实现绿色建造（图1-3-3），获2020年度全国绿色建筑创新奖一等奖。

图 1-3-3　项目南立面

2. 关键指标

建筑节能率65%，地源热泵应用比例100%，非传统水源利用率20.9%，可再循环建筑材料用量比16.3%。

3. 创新亮点

（1）文脉传承，展现扬州传统建筑精髓

以新颖、创造性、体系化的方式，将园林这一传统文化的代表融入绿色建筑设计之中（图1-3-4）。主展馆采用了南北分制方式，通过对厅、台、楼、阁等各种建筑原型的变化与组合，对唐宋建筑进行了抽象表现，通过不同尺度的院落分解建筑体量，契合地形。

图1-3-4 项目鸟瞰图

（2）潜伏设计，充分考虑建筑全寿命期用途

主展馆采用了"潜伏设计"理念，功能兼顾展会期和展会后作为特色园林酒店的不同要求，在建筑组织布局、结构、机电和设备等方面均考虑了后续稍加改造便可转入新功能运营的可能性，落实了绿色建筑可持续发展理念。

（3）构筑一体，现代木构建筑应用

开展了基于现代木构的一体化设计。利用现代胶合木技术、钢木组合结构技术对构件尺寸及连接工艺进行突破。凤凰阁中央主体结构跨度13.6m，高度近26m，成为国内目前单一空间层高最大的木结构（图1-3-5、图1-3-6）。充分发挥现代木结构可装配建造的优势，结构现场安装用时仅一个月。

（4）智慧技术，设计、制造、施工一体化

方案设计、建筑设计、结构设计均在BIM模型中进行，将传统BIM软件及常规配合建模软件、木结构拆分专业软件、结构分析优化软件以及工厂加工机床接口软件有效结合，结构计算完成后直接生成构件加工图，极大地提高了设计和施工的自动化程度和安装的精度，完美还原了建筑的细节效果。

（5）创新工法，体现绿色施工

采用基于装配式的创新工法，在保证工程质量的前提下，减少施工现场环境污染、

图 1-3-5　木结构廊桥内景

图 1-3-6　凤凰阁木桁架

降低施工成本，体现了装配式建筑绿色施工的特色。相关施工工法申请发明专利多项，先进的施工工法最大程度地提高了工程质量与施工效率，降低了工程成本并大幅缩短了施工工期。

4. 项目绩效

经测算，项目正常投入使用后，年节能量可达 231.8kW·h，年雨水量收集为 2.0 万 t，年碳减排量约 602.7t。

### 3.2.3 常州建设高等职业技术学校新校区建设项目

1. 项目概况

常州建设高等职业技术学校新校区建设项目（现更名为"江苏城乡建设职业学院"）位于常州市武进区邹区镇殷村，总占地面积 54.1 万 m²，总建筑面积 28.3 万 m²（图 1-3-7）。本项目获 2020 年度全国绿色建筑创新奖一等奖，是江苏首个以校园为单位的绿色建筑和建筑节能示范区，国内唯一通过住房和城乡建设部以及教育部认证的绿色校园示范项目，实现校园内 20 栋主要功能建筑二星级及以上绿色建筑全覆盖。

图 1-3-7 校园鸟瞰

2. 关键指标

行政及国际交流中心、科技研发楼建筑节能率 65%，光伏发电量占比 23.7%，非传统水源利用率 33.5%，可再循环材料用量比例 10.6%。图书馆、教育中心建筑节能率 65%，可再生能源利用率 72.4%，非传统水源利用率 40.3%，可再循环材料用量比例 5.4%。

3. 创新亮点

（1）系统全面的绿色校园规划

总体规划贯彻"水墨江南、田园绿岛、建筑学园、持续空间"的规划理念，编制绿色交通、生态景观、物理环境、能源利用、能源监管体系建设、水资源利用、垃圾资源利用等7个专项规划，形成了具有江南水乡特色的绿色校园生态规划体系。

（2）深入落实的绿色建筑设计

遵循"因地制宜、被动优先、主动优化"的设计策略，通过绿色交通体系、空间复合利用、复合型校园绿色能源体系、校园生态水处理系统、水资源综合利用等（图1-3-8、图1-3-9），统筹协调校园场地、建筑单体、室内空间的绿色技术体系的落地实施。

图 1-3-8　屋顶太阳能光伏

图 1-3-9　生态水处理系统

（3）全程留痕的绿色施工建造

建设过程中严格遵循《绿色施工导则》相关要求，制定并组织实施全过程的环境保护计划，土建与装修一体化设计施工，从环境保护、资源节约、过程管理多个层面，确保建设过程中的绿色属性。

（4）价值提升的绿色智慧运营

设立绿色校园运营管理委员会，建设基于 BIM 技术的建筑信息与能耗监控综合管理平台中心，依托完善的智能化系统与信息化手段，以结果为导向，实现了建设成果的可视化、绿色运维的可量化、绿色生态的可感知、结果导向的可评价以及建设经验的可复制。

（5）广泛传播的绿色校园文化

紧紧围绕建筑产业现代化和绿色发展需求，完善课程与教育资源开发，增设木结构、钢结构、建筑物联网技术等专业方向，开展人才培养培训。建立绿色建筑技术科普平台，向周边居民、游客、中小学生开放共享，2015 年以来，共接待参观交流 400 余批、7500 余人次，累计培训建筑产业现代化等行业从业人员 6000 余人次。

4. 项目绩效

可再生能源应用年节能总量达 2412.7 吨标准煤，年减碳量 6321.4t；通过中水系统应用，减少废水排放 10.0 万 t；通过采用压缩式垃圾收集处理装置，减少垃圾运输 410 车次，有效减少了运行阶段对环境的影响。

## 3.2.4　中衡设计集团研发中心

1. 项目概况

中衡设计集团研发中心位于苏州工业园区独墅湖畔，建筑面积 7.5 万 $m^2$，融办公、餐饮、零售、健身于一体，形成全方位的功能配套，可满足楼内使用者工作及生活需求，是全国首个同时获得三星级绿色建筑运行标识与三星级健康建筑运行标识的项目（图 1-3-10），获 2020 年度全国绿色建筑创新奖一等奖。

2. 关键指标

建筑节能率 65.6%，太阳能热水应用比例 64.4%，地源热泵应用比例 66.3%，非传统水源利用率 12.9%，可再循环材料用量比例 11.1%。

3. 创新亮点

（1）塑造多层次园林空间

将传统地域文化及园林特征融入现代办公建筑中，借鉴苏州古典私家园林"围合—中心—关联"的空间关系特点，通过优化建筑空间布局，强化自然采光、通风、垂直绿化、自动雨水收集系统与庭院、花园的有机结合（图 1-3-11）。大堂、中庭和各办公

图 1-3-10 研发中心北立面

空间遍布绿色，平均每 $5m^2$ 配有一株绿植。

图 1-3-11 室内园林空间及自然采光效果

（2）系统集成绿建技术

积极运用雨水回收利用、垂直绿化、屋顶花园农场、可调节遮阳系统、新排风热回收等主被动绿色建筑技术，以及地源热泵空调、太阳能热水、风光能联合发电等可再生能源技术，实现多种绿色建筑技术系统集成和智慧运行（图 1-3-12）。

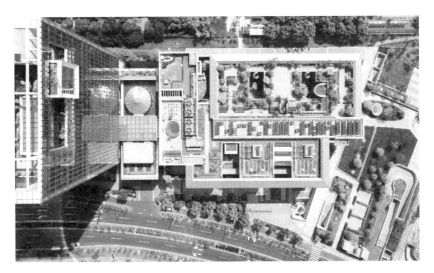

图 1-3-12　屋顶花园 + 太阳能光伏系统

（3）组织人性化办公环境

交错院落式设计将自然风、自然光和多种绿化引入办公空间，室内环境监测平台将实时监测到的空气品质转化为可读指标通过网络向员工展示，实现了自然、健康、可信赖的办公室环境（图 1-3-13）。考虑到员工工间、下班后的休闲健身需求，设置了开放式咖啡厅、藏书楼、茶水间和母婴室，安排了地下健身空间、室内游泳池和屋顶露天健身空间，大幅提升了员工对办公环境的满意度和归属感。

图 1-3-13　室内环境监测系统界面

4. 项目绩效

项目采用地源热泵系统与太阳能热水系统，年节能量 68.2 万 kW·h，减碳量 696.0t，雨水回收利用量 5119.3m³。

### 3.2.5　丁家庄二期（含柳塘）地块保障性住房项目（奋斗路以南 A28 地块）

1. 项目概况

丁家庄二期（含柳塘）地块保障性住房项目（奋斗路以南 A28 地块）位于南京市迈皋桥丁家庄保障房片区，总用地面积 2.3 万 m²，总建筑面积 9.4 万 m²，由 6 栋装配式高层公租房与 3 层商业裙房组成，获三星级绿色建筑标识，荣获 2020 年度全国绿色建筑创新奖一等奖、鲁班奖、广厦奖、詹天佑住宅小区金奖（图 1-3-14）。

图 1-3-14　项目鸟瞰

2. 关键指标

围护结构热工性能较《夏热冬冷地区居住建筑节能设计标准》JGJ 134—2010 提高 20%，建筑隔声性能达到高要求标准限值，室内主要空气污染物浓度较《室内空气质量标准》GB/T 18883—2002 降低 20%，可再利用和循环材料利用率 7.63%，绿色建材应用比例 35%，可再生能源利用率 ≥80%。

3. 创新亮点

（1）融入绿色建筑设计理念

采用"小组团、大社区"的开发模式，打造了开放与融合的街坊式社区、无缝换乘的公共交通体系和完善便捷的公共设施网络，提升了居民的幸福感和满意度；通过打造多层次复合生态系统、优质室内空气环境，有效改善了居住环境（图1-3-15）。

图 1-3-15　住区绿化景观

（2）集成应用装配式建造

通过标准化、模块化设计，建筑内部空间可实现多样化组合，以满足不同人群的户型需求（图1-3-16）。项目设计采用了叠合楼板、预制阳台板及预制楼梯梯段板，内隔墙采用陶粒混凝土板；施工中采用了铝模施工工艺，实现了无外模板、无外脚手架、无砌筑、无粉刷的绿色施工。采用装配式装修，使用了集成式厨房和整体式卫浴，楼梯、阳台等栏杆采用了成品组装式栏杆，方便维修更换。项目主体结构预制率达30%以上，装配率达60%以上，工期缩短约100d，施工人员数量减少30%。

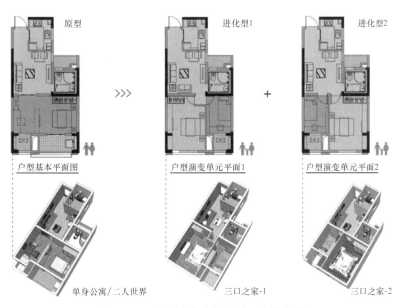

图 1-3-16　户型全寿命期灵活可变性设计

（3）试点打造海绵型社区

将路面快速排水、雨水采集、沉淀过滤以及植物灌溉系统相结合，实现了雨水的充分渗透；通过屋顶绿化、透水铺装、下凹式绿地、雨水花园等海绵设施，片区年径流总量控制率大于80%，综合径流系数小于0.5，改善了住区的微气候环境（图1-3-17）。

图1-3-17　住区绿色雨水基础设施（下凹式绿地＋卵石缓冲区、植草砖停车场）

4. 项目绩效

项目共设置918户阳台壁挂式太阳能热水器，总集热板面积1652.4m²，与电加热系统相比年节约38.2万元，与天然气系统相比年节约23.1万元；雨水蓄水池容积100m³，年节约自来水费用1.9万元；施工过程中采用预制装配式技术等多项创新工艺技术，节约费用约1000万元。

# 第 2 篇 | 政策推动

　　江苏省人大常委会于 2015 年 3 月发布了《江苏省绿色建筑发展条例》（以下简称《条例》），并于 2015 年 7 月 1 日起施行，这是国内首部促进绿色建筑发展的地方性法规。《条例》的颁布施行为我省的绿色建筑工作提供了法制保障，对推动江苏省绿色建筑工作起到了极大的引领和推动作用。

# 第 1 章　法　制　保　障

## 1.1　建立完善工作机制

为推动《条例》落实，省、市、县各级地方人民政府积极建立和完善部门联动工作机制，初步建立了绿色建筑全过程监管体系，有步骤、按计划地推进绿色建筑稳步发展，形成了省、市、县协调一致的长效推进机制。

各市、县（市、区）建设行政主管部门均成立了推进绿色建筑发展的相应机构，强化对绿色建筑行动的统筹协调，进一步创新和健全绿色建筑基本建设程序管理。

## 1.2　发挥财政资金引导作用

2015 年，省财政厅、省住房城乡建设厅在"省级建筑节能专项引导资金"涵盖范围新增"建筑节能和建筑产业现代化"，新增加建筑用能管理工程示范和超低能耗被动式建筑工程示范；2016 年新增公共建筑能耗限额制定科技支撑项目；2017 年新增绿色建筑小镇示范；2018 年将区域示范调整为绿色建筑和建筑节能综合提升、绿色生态城区高品质建设。

省级专项资金采用灵活多样的方式对项目给予扶持，各地纷纷出台绿色建筑相关奖补政策。南京、无锡、苏州、南通、扬州、镇江等 6 市申请设立市级建筑节能（绿色建筑）专项引导资金，用于绿色建筑标识项目的奖励，每年财政支持规模在 400 万～1000 万元不等。

## 1.3　编制相关专项规划

《条例》实施以来，全省大部分设区市、县级市以规划编制为引领，按照《条例》

第四条、第九条规定，将绿色建筑工作纳入国民经济和社会发展规划，开展了绿色建筑、能源利用等专项规划编制，构建了市、县、区域多层级、各类型专项规划，有效推进了绿色建筑规模化发展，引导城市向绿色发展转型升级。

十三个设区市均完成了绿色建筑发展规划，部分区县还制订了各类型的专项规划。其中苏州市在"十三五"绿色建筑发展规划中明确了至 2020 年，全市 50% 的城镇新建民用建筑按二星级及以上绿色建筑标准设计建造，逐步实现示范区内绿色建筑高质量发展，绿色建筑二星级及以上标识项目比例大于 60%，绿色建筑运营标识项目比例大于 30% 的目标。

## 1.4　加强行政监督管理

在《条例》的指导下，江苏建立了涵盖设计、施工、验收等环节的绿色建筑监管制度和技术标准。《条例》实施后，省住房城乡建设厅先后发布实施了《绿色建筑设计标准》《江苏省民用建筑施工图绿色设计文件编制深度规定》《江苏省民用建筑施工图绿色设计文件技术审查要点》等一系列标准和技术文件，形成了具有江苏特色的绿色设计、技术审查、竣工验收等环节的全过程管理体系。

各市县大多开展了工程勘察设计质量及市场行为检查通报，效果显著。针对建设单位要求设计单位或者施工单位降低工程质量、节能标准，以及明示或暗示设计单位、施工单位使用不符合施工图设计要求的墙体材料、保温材料等违法活动开展执法，并给予行政处罚，从执法层面巩固《条例》的立法效果。

# 第 2 章　规　划　先　行

## 2.1　编制省级专项规划

2015 年，江苏省发布了《江苏省"十三五"建筑节能与绿色建筑发展规划》，明确了江苏省"十三五"期间绿色建筑发展的目标和主要任务。

《江苏省"十三五"建筑节能与绿色建筑发展规划》提出了坚持"市场主导、政府引导，全面要求、分类推进，技术引领、整体提升"的发展原则。提出江苏城镇民用建筑实现绿色建筑全覆盖，绿色建筑的内涵与质量稳步提升；居住建筑室内环境显著改善；建筑实际用能的上涨趋势得到有效抑制；绿色生态城区发展长效机制成熟稳定，绿色生态城区建设示范带动效应明显，使江苏建筑节能与绿色建筑工作继续保持全国领先地位的总体发展目标。

通过五年努力，"十三五"规划主要完成情况如下：

（1）绿色建筑高质量发展态势初显。全省城镇新建民用建筑全面按一星级以上标准设计建造，累计建成绿色建筑面积超过 8 亿 $m^2$。城镇新建绿色建筑占新建建筑比例从"十三五"初期的 53% 增长到"十三五"末的 98.0%。18 个项目获得全国绿色建筑创新奖，其中 4 个项目获得一等奖，获奖数量位居全国前列。

（2）绿色城区集聚创新发展。以绿色城区为载体，推动城乡建设绿色发展模式试点示范，在开展高品质绿色建筑、超低能耗建筑、装配式建筑等绿色建筑技术区域集中示范的基础上，同步开展智慧城市、海绵城市、地下综合管廊、绿色施工、建筑垃圾资源化利用等绿色基础设施建设，持续改善人居环境。"十三五"期间，全省新设立省级绿色城区 18 个，建成高品质绿色建筑项目面积 3000 万 $m^2$，二星级以上绿色建筑占比超过 80%。全省累计设立绿色城区 76 个，年节能量超过 200 万吨标准煤。

（3）建筑节能标准稳步提升。修订实施了《居住建筑热环境和节能设计标准》，引导新建建筑节能标准从 65% 提升到 75%，发布了《江苏省超低能耗居住建筑技术导则》，指导超低能耗建筑稳步发展，启动了 11 个超低能耗建筑示范项目建设，"南京江北新区人才公寓（1 号地块）项目 12 号楼"获得了全国首个零能耗建筑评价标识。

"十三五"期间，全省新增节能建筑8.6亿 $m^2$ ，节能建筑累计达到23亿 $m^2$ ，占城镇既有建筑总量63.3%，节能建筑规模继续保持全国最大。

（4）可再生能源建筑应用深入推进。率先完成了国家可再生能源建筑应用示范市县验收评估工作。新增光电建筑装机容量600万 kW，新增可再生能源建筑应用面积3.7亿 $m^2$ ，全省累计可再生能源建筑应用规模总量达7.2亿 $m^2$ 。太阳能光热建筑应用占新建建筑比例从"十三五"初的30%上升到"十三五"末的47.1%。

（5）既有建筑能效提升稳步推进。充分发挥省级财政专项资金杠杆作用，积极引导社会资金投入建筑节能改造，培育我省节能服务市场。"十三五"期间，完成既有建筑节能改造4409万 $m^2$ ，节能量达到176万吨标准煤。通过既有建筑改造项目的实施，带动新型建筑墙体、节能门窗、空调供暖及新能源等相关产业发展。全省共11个设区市完成了公共建筑能耗限额研究工作。

## 2.2 各地编制专项规划

为保证"十三五"规划中各项任务的落实，各设区市组织编制了当地的"十三五"专项规划，如南京市编制发布了《南京市绿色建筑"十三五"专项规划》，淮安市编制发布了《淮安市"十三五"绿色建筑发展规划》等（图2-2-1）。这些规划根据当地绿色建筑和建筑节能工作开展情况，总结"十二五"期间的工作成果，分析"十三五"面临的形势，提出相应的建设目标。各地市依据规划中制订的任务目标开展相关工作，为全省各地绿色建筑和建筑节能工作有序开展提供了保障。

图2-2-1 部分设区市发布的绿色建筑专项规划

同时，全省各个县区结合自身实际与专项工作开展情况，组织编制各项专项规划。据不完全统计，全省 76 个绿色城区累计开展超过 400 项基于绿色生态理念的专项规划编制，构建了以绿色建筑、城市建筑能源系统、水资源综合利用、绿色交通、固体废弃物综合利用等专项规划为核心内容的绿色生态城区专项规划体系。常州市在市级层面编制了《既有建筑节能改造专项规划（2016—2020）》。常州市武进区编制了《常州市武进区海绵城市建设综合规划》等绿色生态理念专项规划。这些规划的编制，构建了完整的"省－市－区"三级规划体系，为各项工作的逐步开展指明了方向。

## 2.3　谋划"十四五"发展

为进一步落实"以人为本、统筹规划、市场主导、创新驱动"的发展原则，紧扣"两争一前列"的新使命新要求，完成"在全域推进、综合提升上争当表率，在品质改善、特色创建上争做示范，聚力推动江苏绿色建筑高质量发展走在全国前列"的总体目标，江苏省住房和城乡建设厅在 2020 年启动了《江苏省"十四五"绿色建筑高质量发展规划》的研究编制工作，为我省"十四五"绿色建筑发展提供科学、全面的参考和保障。

《规划》从新建建筑、既有建筑、绿色城区、新型建筑工业化以及科技支撑五个方面，提出了"品质提升，实现新建建筑全面减排增效""存量优化，实现既有建筑更加绿色节能""示范带动，实现绿色城区更为创新集聚""深化推广，实现新型建筑工业化持续高效推进""科技引领，实现配套产业不断协同发展"五个方面的重点任务，系统提出了江苏省"十四五"期间绿色建筑发展的具体目标和指标体系（表 2-2-1）。

江苏省"十四五"绿色建筑高质量发展主要指标　　　　表 2-2-1

| 指标内容 | 指标要求<br>（2025 年） | 性质 |
| --- | --- | --- |
| 城镇新建建筑执行绿色建筑标准比例 | 100% | 约束性 |
| 开展省级绿色城市/城区试点 | 10 个 | 约束性 |
| 装配式建筑占同期新开工建筑面积比例 | 50% | 约束性 |
| 新建高品质绿色建筑总面积 | 2000 万 m² | 预期性 |
| 城镇新建建筑能效水平提升 | 30% | 预期性 |
| 既有建筑绿色节能改造面积 | 3000 万 m² | 预期性 |
| 新建超低能耗建筑面积 | 500 万 m² | 预期性 |
| 全省建筑领域年度能耗总量 | 7200 万吨标煤准 | 预期性 |
| 可再生能源替代建筑常规能源比例 | 8% | 预期性 |
| 装配化装修建筑占同期新开工成品住房面积比例 | 30% | 预期性 |

# 第 3 章 政 策 引 领

## 3.1 省 级 政 策

为了落实《江苏省绿色建筑发展条例》的实施，保障《江苏省"十三五"建筑节能与绿色建筑发展规划》各项工作任务落实，省住房城乡建设厅制订了一系列相关政策机制，保证各项工作顺利开展。

1. 任务分解

省住房城乡建设厅根据《江苏省"十三五"建筑节能与绿色建筑发展规划》提出的各项任务目标，将新建节能建筑、绿色建筑、可再生能源建筑应用、既有建筑改造等工作目标按发展要求划分成各年度工作任务指标，并分解到各设区市，将这些工作的年度目标任务纳入《全省绿色建筑工作任务分解方案》并组织考核。考核评价结果作为设区市人民政府能源消费总量和强度"双控"、省生态文明建设、高质量发展、全国建筑市场和工程质量安全监督执法检查（建筑节能与绿色建筑）等评价的重要依据。

2. 日常统计

省住房城乡建设厅建立了"江苏省建筑节能与绿色建筑统计信息管理系统"，由各设区市和县建设主管部门按季度填写节能建筑、绿色建筑、可再生能源建筑应用、既有建筑改造等情况数据。省住房城乡建设厅每半年对各地数据进行汇总分析，根据年中情况对各地市开展专题工作指导，帮助全年目标的完成；每年根据年度数据，进行考核评价。

3. 考核评价

为保证全省绿色建筑工作任务的落实，省住房城乡建设厅在核查统计报表的基础上，在次年年中组织开展现场调研评价。调研评价组通过走访各设区市项目现场，调研绿色建筑各项工作的落实情况，对调研评价结果进行点评和通报。在 2020 年组织的2019 年度全省绿色建筑工作调研评价中，苏州等 4 市被评为 A 等次，其余 9 市为 B 或C 等次。

# 3.2　各　地　政　策

"十三五"以来,为落实《江苏省绿色建筑发展条例》的规定,响应国家、江苏省的各项政策要求,各设区市结合当地实际情况,发布相关政策,进一步明确绿色建筑相关工作的各项指标和要求。部分设区市参考省绿色建筑发展专项资金的模式,设立设区市的建筑节能/绿色建筑专项资金。这些地方政策与相关资金保障了绿色建筑各项工作要求和目标的落地,为江苏省绿色建筑高质量发展提供了有力支持。

## 3.2.1　各地绿色建筑发展政策

2019～2020 年部分设区市绿色建筑相关政策见表 2-3-1。

2019～2020 年部分设区市绿色建筑相关政策　　　　　　　　　表 2-3-1

| 序号 | 设区市 | 文件名 | 发文机构 | 主要内容简介 |
|---|---|---|---|---|
| 1 | 南京市 | 《市政府关于促进我市建筑业高质量发展的实施意见》(宁政发〔2019〕75 号) | 南京市人民政府 | 实施"绿色建筑+"工程。推动绿色建筑品质提升和高星级绿色建筑规模化发展,推进绿色建筑向深层次发展。加强建筑节能专项资金支持力度,强化绿色建筑和建筑能效提升示范的引领作用 |
| 2 | | 《关于印发南京市公共建筑合理用能指南的通知》(宁建科字〔2020〕411 号) | 南京市城乡建设委员会 | 对机关办公类建筑、教育类建筑、医疗类建筑、宾馆类建筑、商场类建筑进行了分类研究,并制订了相应的能耗限额 |
| 3 | 无锡市 | 《关于印发〈无锡市公共建筑合理用能指南〉的通知》(锡建科〔2019〕10 号) | 无锡市住房和城乡建设局 | 对本市机关办公、教育机构、医疗卫生、星级饭店、大型商业等公共建筑在运行过程中建筑及其附属设施能源消耗设立合理用能指标要求,实施建筑用能管理 |
| 4 | 徐州市 | 《关于印发徐州市公共建筑合理用能指南的通知》(徐住建发〔2020〕210 号) | 徐州市住房和城乡建设局 | 对办公、教育、医疗、宾馆、商场等五类建筑进行了研究,制订了相应的合理用能指南 |
| 5 | 常州市 | 《关于印发〈常州市绿色宜居城区示范项目和奖补资金管理办法〉》(常住建〔2020〕72 号) | 常州市住房和城乡建设局 | 指导整个绿色宜居城区创建,明确支持对象、支持标准、项目申报与管理、奖补资金管理等内容 |
| 6 | 苏州市 | 《关于印发〈苏州市建筑节能项目及引导资金管理办法〉的通知》(苏住建科〔2019〕2 号) | 苏州市住房和城乡建设局、苏州市财政局 | 印发苏州市建筑节能项目及引导资金管理办法 |

| 序号 | 设区市 | 文件名 | 发文机构 | 主要内容简介 |
|---|---|---|---|---|
| 7 | 南通市 | 《市政府办公室关于印发〈2019 年全市建筑节能、墙体材料革新与发展散装水泥工作目标任务分解表〉的通知》（通政传发〔2019〕81 号） | 南通市人民政府 | 各地区和各部门认真贯彻《江苏省绿色建筑发展条例》，设立建筑节能专项引导资金，编制绿色建筑发展规划、建筑节能专项规划，做好绿色建筑和建筑节能各项工作 |
| 8 | 镇江市 | 《镇江市人民政府关于促进建筑业改革发展的实施意见》（镇政发〔2019〕23 号） | 镇江市人民政府 | 深化建筑业"放管服"改革，推动装配式建筑、绿色建筑、智慧建筑、全装修成品住房等加快发展，提高工程质量安全水平，完善监管体制机制，培育优势骨干企业，壮大建筑业规模 |
| 9 | | 《关于加强我市市区新建全装修住宅建设管理的意见》（镇政建〔2020〕59 号） | 镇江市住房和城乡建设局 | 规范全装修住宅工程建设程序，加强设计管理，落实参建各方责任，实行"样板引路制度"，强化新建全装修住宅建设全过程管理 |
| 10 | 泰州市 | 《市政府办公室印发关于促进全市建筑业高质量发展的实施意见的通知》（泰政办发〔2020〕49 号） | 泰州市人民政府 | 为促进泰州市建筑业产业结构调整和转型升级，提升"泰州建造"品牌含金量和影响力，综合运用政策引导、项目带动、市场培育、资金激励等手段 |
| 11 | | 《泰州市住房和城乡建设局关于加强新建民用建筑绿色设计方案审查工作的通知》（泰建发〔2020〕176 号） | 泰州市住房和城乡建设局 | 明确泰州市新建民用建筑绿色设计方案审查工作的办理程序和工作机制等 |

## 3.2.2 设区市专项资金设立情况

### 1. 南京市

从 2012 起，南京市城乡建设委员会联合南京市财政局每年设立 1000 万元资金用于奖补老旧建筑节能改造、可再生能源应用、新建绿色建筑等项目。截至 2020 年底，累计奖补 130 余个项目，奖补资金共计 5000 万元。同时，进一步研究扩展项目补助类型，从单一的节能改造，到高星级绿色建筑、可再生能源建筑应用、超低能耗建筑、BIM 示范项目等类型不断拓展。

### 2. 无锡市

从 2010 年起，无锡市政府设立建筑节能专项引导资金，每年安排约 1000 万元资金专项用于扶持绿色建筑、既有建筑节能改造、建筑产业现代化、超低能耗（被动式）节能建筑等项目。"十三五"期间，累计奖补 60 余个项目，奖补资金约 3800 余万元。

### 3. 苏州市

从 2010 年起，苏州市住房和城乡建设局联合苏州市财政局设立苏州市建筑节能引导资金，用于奖补高星级和运行标识绿色建筑项目、既有建筑节能改造、建筑能源审计、节能相关技术研发等，"十三五"期间累计奖补 57 个项目，奖补资金共计 1136.8 万元。

### 4. 南通市

自 2011 年开始，南通市连续多年以设立 1000 万元补助资金来鼓励和推进建筑节能与绿色建筑工作，市区范围内的高节能标准高星级标识项目、建筑能耗分类分项计量、可再生能源建筑应用、合同能源管理、既有建筑节能改造、节能技术研发等项目、课题获得资金资助，示范性成效显著。

### 5. 扬州市

2015 年，设立绿色建筑暨建筑节能专项引导资金，印发《扬州市市区绿色建筑暨建筑节能专项引导资金管理暂行办法》（扬财规〔2015〕8 号），范围包括绿色建筑标识项目、绿色建筑示范区、可再生能源建筑应用、超低能耗（被动式）建筑示范、既有建筑能耗分项计量项目、合同能源管理（建筑类）项目、绿色建筑科技支撑项目，2016 ~ 2020 年累计补助 894.3 万元。

### 6. 镇江市

从 2014 年起，镇江市住房建设局会同市财政局每年设立 500 万元资金，用于奖补新建绿色建筑、既有建筑节能改造、合同能源管理项目、建筑节能与绿色建筑科技支撑等项目，截至目前奖补资金共计 2650 万元。

# 第4章　交　流　合　作

## 4.1　积极组织行业交流

### 4.1.1　每年举办江苏省绿色建筑发展大会

自 2008 年以来，江苏省连续成功举办了十三届绿色建筑发展大会。作为行业内重要的公益性专业技术大会，十多年来，活动内容日益丰富，形式不断拓展，影响不断扩大，赢得了业内和社会各界的广泛好评，成为江苏传播好声音、推进绿色建筑交流合作的重要平台。

2019 年，第十二届绿色建筑发展大会以"发展高品质绿色建筑　推动美丽宜居城市建设"为主题，通过学术报告、技术研讨等互动形式，聚焦绿色建筑、装配式建筑、未来建筑等 11 个议题，开展研讨和经验交流。全省各级建设主管部门分管领导和相关部门负责人，相关行业学会、协会代表负责人，北京、上海、安徽等省市行业主管部门有关负责人以及省内外专家学者和有关企事业代表近千人参加大会，王建国、孙一民、王清勤等专家作主旨报告。2020 年 10 月，为深入落实绿色建筑高质量发展及长三角区域一体化国家发展战略的决策部署，加快推动长三角地区绿色建筑高质量发展，第十三届江苏省绿色建筑发展大会暨长三角绿色建筑高质量发展论坛在南京举办。大会以"协同创新　共筑长三角绿色建筑发展新高地"为主题，通过学术报告、现场直播等互动形式，聚焦绿色建筑高质量发展、新型建筑工业化发展、创新长三角建设科技成果共享机制等议题，开展研讨和经验交流。会议期间，主办方共同发出了长三角区域绿色建筑高质量发展"南京倡议"（图 2-4-1）。仇保兴、吴志强、江欢成、冯正功等专家作主旨报告。

### 4.1.2　宣传贯彻国家、行业和地方标准

多年来，江苏始终坚持开展工程建设国家、行业和地方标准宣贯培训，扩大标准影响力，强化标准执行力。

图 2-4-1　发布长三角区域绿色建筑高质量发展"南京倡议"

2019 年，在南京、苏州、徐州、南通、扬州、常州等地围绕江苏省注册建筑师、注册结构工程师、注册土木工程师（岩土）继续教育培训等主题共举办 12 场专场培训，省内外 40 位知名专家集中进行授课，全省 2392 名建筑设计行业专业技术人员参加学习（图 2-4-2）。

图 2-4-2　宣贯现场

2020 年全年开展《岩土工程勘察安全标准》《江苏省装配式建筑综合评定标准》

《装配式混凝土建筑施工安全技术规程》等 7 个场次标准宣贯及建设工程消防设计审查培训，学习人数达 2500 余人。协同完成省勘察设计行业继续教育网络培训平台建设，全年共 3740 名注册建筑师、注册结构工程师和注册土木工程师完成在线学习（图 2-4-3）。开发微信小程序"江苏建设科技在线"，上线 3 项地方标准宣贯培训及 12 项热点主题的相关视频，目前累计访问量达到 2343 人次（图 2-4-4）。

图 2-4-3 江苏省勘察设计行业继续教育网络培训平台

图 2-4-4 "江苏建设科技在线"小程序

2021 年以来，为深入贯彻绿色发展理念，推动绿色建筑高质量发展，充分发挥标准支撑作用，江苏省住房和城乡建设厅组织召开了省地方标准《绿色建筑设计标准》《住宅设计标准》和《居住建筑热环境和节能设计标准》等宣贯会。截至目前，已在全省 3 市（徐州市、苏州市、常州市）完成了专场宣贯，学习人数达千人。

## 4.2　扩大社会宣传效应

2019 年 11 月，省住房城乡建设厅举办了"绿色建筑高质量发展科技创新报告会"，首次对近年来在绿色建筑工作中做出突出贡献的集体和个人给予通报表扬。

2019 年，为贯彻落实党的十九大精神，凝聚人大代表、政协委员智慧力量，推动绿色建筑高质量发展，省住房城乡建设厅首次邀请两会代表委员在南京召开座谈会。十多位全国、省、市、区四级人大代表、政协委员齐聚一堂，共商新时代绿色建筑发展新未来（图 2-4-5）。

图 2-4-5　两会代表委员谈绿色建筑

2020 年，围绕住房和城乡建设领域的建设科技前沿信息、政策法规与标准规范、典型项目实施成效及措施等，采编全球相关资讯和观点，刊发《建设科技动态》，传递最新动态，服务领导决策。《建设科技动态》每双月底刊印，并同步通过微信推送部分内容（图 2-4-6）。截至 2020 年底，全年累计刊印 6 期。

图 2-4-6　《建设科技动态》

自 2017 年省住房城乡建设厅科技发展中心开设"绿色生态城""绿色智慧建筑"微信公众号以来，始终围绕绿色建筑、绿色城区、智慧城市、未来建筑、建筑产业现代化政策和技术进行科普宣传发布。2020 年，在疫情应急响应期间，发挥专业优势，编制 5 册《建筑运行管理防疫系列指南》在公众号及时发布，获得行业内外一致好评（图 2-4-7）；为更好地推进城镇老旧小区改造工作，发布"老旧小区更新改造问卷调查"，诚邀广大人民群众帮助客观了解城镇老旧小区存在问题以及对更新改造工作的需求、看法与建议，为今后城镇老旧小区更新改造工作的开展提供有益参考。2021 年，针对行业热点，制作科普长文，通俗地诠释了"碳达峰""碳中和"理念，并通过对建筑领域碳排放进行分析，合理提出了建设行业控制碳排放的可行性操作，倡导社会大众绿色生活（图 2-4-8）；围绕近年来受到广泛关注的"健康建筑"，发布"健康建筑"系列科普报道，从六大方面阐述了"健康建筑"如何提高人们的幸福感，让社会大众真真切切感受到了"健康建筑"的优越性。截至目前，公众号关注人数累计达 2 万人次，发布各类行业新闻、政策解读、科普宣传等近千条，日益成为江苏宣传绿色建筑工作的重要窗口，多条信息获得权威媒体的积极转载。

图 2-4-7 《建筑运行管理防疫系列指南》系列

图 2-4-8　"碳达峰"和"健康建筑"科普宣传

## 4.3　深化区域交流合作

为全面贯彻新时代新理念，牢固树立并自觉践行创新发展、绿色发展的新理念，用新理念引领建设科技工作，"十三五"期间，江苏省住房和城乡建设厅多次组织省内建筑科技单位召开交流座谈，总结梳理近年来省内建筑科技发展情况，并为下一步做好我省建筑科技创新工作做部署。会议代表纷纷表示要把建筑科技创新渗透到基础研究、试验开发、标准引领、推广应用等各个环节，促进建筑业供给侧结构性改革。

2017 年，省住房城乡建设厅科技发展中心与省建筑科学研究院有限公司共同发起成立了国际绿色建筑联盟（图 2-4-9）。作为进一步深化国际交流合作，推进全球绿色建筑发展的国际性交流合作创新平台，联盟以开放包容、交流互鉴、合作共赢为原则，致力于实现绿色建筑理念融通、技术联通、标准相通、人才互通，为建设清洁美丽宜居的绿色地球贡献江苏智慧与力量。

图 2-4-9　国际绿色建筑联盟成立

2019 年，国际绿色建筑联盟专家咨询委员会在苏州成立（图 2-4-10）。截至目前，专家咨询委员会共有 9 位院士、1 位国务院参事、4 位全国工程勘察设计大师及 5 位海内外知名专家学者加盟参与，旨在为绿色建筑高质量发展提供更多的路径、方法和智慧。

图 2-4-10　国际绿色建筑联盟成立专家咨询委员会

2020 年新冠肺炎疫情期间，专家咨询委员会成员积极参与"疫中思策"系列笔谈、"抗击疫情——建筑人在行动"等国内外对话访谈活动，以建筑文化的视角，从设计、标准、应急、运营等各方面解读疫情及后疫情时代城市建设、建筑发展的走向。

针对习近平总书记在七十五届联合国大会上向国际社会作出"力争 2030 年前达到二氧化碳排放峰值，努力争取 2060 年前实现碳中和"的承诺，国际绿色建筑联盟邀请专家，围绕"碳减排背景下的绿色建筑发展"主题，开展专题访谈，以为城乡建设高质量发展、绿色发展提供更多的决策参考（图 2-4-11 ～ 图 2-4-19）。

图 2-4-11　中国工程院院士
缪昌文：紧抓机遇　加快推动
绿色低碳发展

图 2-4-12　国务院参事仇保兴：
多措并举，实现建筑全生命
周期碳减排

图 2-4-13　中国工程院院士崔愷：
着眼未来，用设计提升绿色
建筑品质

图 2-4-14　中国工程院院士
刘加平：因地制宜　开展既有
建筑绿色化改造

图 2-4-15　中国工程院院士
王建国：城市更新与
城市魅力

图 2-4-16　中国工程院院士
吴志强：紧抓数字化机遇
领跑绿色建筑未来之路

图 2-4-17　中国工程院院士
岳清瑞：碳减排目标下的
建筑业转型思考

图 2-4-18　中国工程院院士
庄惟敏：前策划后评估体系下的
绿色建筑新探索

图 2-4-19　香港大学教授
李玉国：提升建筑室内外
空气品质　共建人类健康家园

2020 年，省住房城乡建设厅科技发展中心与德国国际合作机构（GIZ）签订了"江苏低碳发展项目协议"，共同开展"产能建筑与产能社区发展研究"。

# 第3篇 | 科技支撑

　　"十三五"期间，江苏积极推动建设科技发展，通过学习国内外先进经验，有序组织行业开展科研创新工作，在绿色建筑专项技术、管理体系等关键领域开展针对性研究，取得丰硕成果。同时，江苏响应国家标准化改革的要求，不断完善绿色建筑标准体系，组织编制多部创新引领、具有地方特色的工程建设标准，为绿色建筑发展提供技术支撑。

# 第1章 科 研 成 果

## 1.1 总 体 情 况

2019～2020年，江苏建设系统共立项35项建设系统科技项目，其中科技计划项目23项，省级专项资金支持项目12项。

2019～2020年，共43项绿色建筑与装配式建筑相关的科研成果通过验收（详见表3-1-1）。

2019～2020年江苏省完成的绿色建筑与装配式建筑科研项目　　　表3-1-1

| 序号 | 项目编号 | 项目名称 | 完成单位 |
|---|---|---|---|
| 1 | 2013SF05 | 超低能耗建筑新型结构体系研究与示范 | 南京工业大学 |
| 2 | 2013JH18 | 江苏绿色建筑技术支撑体系建设 | 江苏省住房和城乡建设厅科技发展中心 |
| 3 | 2014SF03 | 江苏省绿色农房技术细则 | 江苏省住房和城乡建设厅科技发展中心 |
| 4 | 2014JH26 | 绿色建筑通风防排烟适宜技术研究与应用 | 南京工业大学、江苏省绿色建筑工程技术中心、南京工大建设工程技术有限公司 |
| 5 | 2014ZD52 | 基于人体热舒适度的公共建筑中央空调系统节能关键技术 | 江苏建筑职业技术学院 |
| 6 | 2015SF01 | 江苏省绿色建筑运营管理云服务平台建设 | 无锡锐泰节能系统科学有限公司 |
| 7 | 2015SF03 | 江苏省绿色生态专项规划实施评估研究 | 江苏省住房和城乡建设厅科技发展中心 |
| 8 | 2015SF05 | 可再生能源建筑应用项目实施效果后评估研究 | 东南大学、江苏省住房和城乡建设厅科技发展中心、建设部科技发展促进中心、昆山市建设工程质量检测中心 |
| 9 | 2015ZD62 | 绿色建筑运行实效调研与管理模式研究 | 江苏建筑职业技术学院 |

续表

| 序号 | 项目编号 | 项目名称 | 完成单位 |
|---|---|---|---|
| 10 | 2015ZD82 | 江苏省节能建筑外墙保温隔热技术现状与发展研究 | 江苏尼高科技有限公司、常州市建筑科学研究院集团股份有限公司 |
| 11 | 2015ZD88 | 夏热冬冷地区既有居住建筑绿色化改造技术研究 | 江苏尼高科技有限公司、常州市建筑科学研究院集团股份有限公司 |
| 12 | 2015CY07 | 建筑产业现代化科技支撑体系研究 | 江苏省住房和城乡建设厅科技发展中心、南京工业大学、江苏省工程建设标准站、南京长江都市建筑设计股份有限公司 |
| 13 | 2016SF02 | 高校校园建筑能耗总量控制实践研究 | 江南大学 |
| 14 | 2016SF07 | 绿色建筑室内环境优化技术路线及设计方法研究 | 江苏省住房和城乡建设厅科技发展中心、江苏省建筑科学研究院有限公司 |
| 15 | 2016SF08 | 绿色建筑运行监测与能效提升策略研究 | 江苏省工程建设标准站 |
| 16 | 2016SF11 | 淮安市公共建筑能耗限额制定 | 淮安市住房和城乡建设局 |
| 17 | 2016SF12 | 盐城市公共建筑能耗限额制定 | 盐城市城乡建设局 |
| 18 | 2016JH19 | 分户楼板的保温隔声技术现状与发展研究 | 江苏省住房和城乡建设厅科技发展中心 |
| 19 | 2016ZD57 | 绿色建筑微电网逆变器多功能控制策略研究 | 江苏建筑职业技术学院 |
| 20 | 2016JH17 | 基于 BIM 的装配式混凝土建筑全寿命周期质量管控研究 | 江苏省建设工程质量监督总站、南京安居保障房建设发展有限公司、东南大学、南京市建筑安装工程质量监督站、中国建筑第二工程局有限公司、南京长江都市建筑设计股份有限公司、南京普兰宁建设工程咨询有限公司、南京同筑盛世信息科技有限公司 |
| 21 | 2016CY05 | 城市轨道交通装配式地下车站设计与施工关键技术研究 | 江苏省建筑工程质量检测中心有限公司、江苏省轨道交通工程质量安全技术中心、东南大学、中设计集团股份有限公司、无锡地铁集团公司、苏州轨道交通集团有限公司、北京城建中南土木工程集团有限公司 |
| 22 | 2016CY06 | 装配式建筑中门窗墙体一体化应用关键技术研究 | 江苏省建筑科学研究院有限公司 |
| 23 | 2016CY10 | 预制装配技术提升既有建筑抗震性能的研究与示范 | 金陵科技学院、东南大学、南京开博锐工程技术有限公司 |
| 24 | 2017SF01 | 江苏省"绿色建筑＋"技术体系与标准研究 | 江苏省住房和城乡建设厅科技发展中心、南京长江都市建筑设计股份有限公司 |

续表

| 序号 | 项目编号 | 项目名称 | 完成单位 |
|---|---|---|---|
| 25 | 2017SF02 | 绿色智慧建筑（新一代房屋）课题研究与示范 | 江苏省住房和城乡建设厅科技发展中心、江苏省建筑科学研究院有限公司 |
| 26 | 2017SF03 | 南京市公共建筑能耗限额制定 | 南京市城乡建设委员会、南京工业大学 |
| 27 | 2017SF04 | 徐州市公共建筑能耗限额制定 | 徐州市住房和城乡建设局、江苏省建筑科学研究院有限公司 |
| 28 | 2017SF05 | 扬州市公共建筑能耗限额制定 | 扬州市住房和城乡建设局、江苏省建筑科学研究院有限公司 |
| 29 | 2017SF06 | 镇江市公共建筑能耗限额制定 | 镇江市住房和城乡建设局、江苏镇江建筑科学研究院集团股份有限公司 |
| 30 | 2017JH14005 | 基于绿色建筑的能效测评技术体系及推进机制研究 | 江苏省住房和城乡建设厅科技发展中心、南京工大建设工程技术有限公司、江苏省建筑科学研究院有限公司 |
| 31 | 2017JH21001 | 江苏省工程建设标准化改革管理机制研究 | 江苏省工程建设标准站 |
| 32 | 2017ZD020 | 太阳能跟踪系统在绿色建筑中的应用研究 | 江苏建筑职业技术学院 |
| 33 | 2017ZD159 | 建筑外墙节能保温防护与修复技术研究与应用 | 常州市建筑科学研究院集团股份有限公司、江苏尼高科技有限公司、常州市武进区建设工程管理中心 |
| 34 | 2017ZD122 | 装配式混凝土结构关键检测技术研究 | 东南大学、南京市建筑安装工程质量监督站（检测中心）、昆山市建设工程质量检测中心、南京工大建设工程技术有限公司、河海大学、南京中民主智造科技有限公司、南京市装配式建筑工程研究中心、中国建筑第二工程局有限公司（上海分公司）、南京华建工业设备安装检测调试有限公司、淮安市建筑工程质量检测中心有限公司、南京大地建设集团有限责任公司 |
| 35 | 2018JH020 | 江苏省绿色建筑发展条例后评估 | 江苏省住房和城乡建设厅科技发展中心 |
| 36 | 2018ZD70 | 既有建筑外墙保温质量缺陷生态修复技术研究与应用 | 江苏尼高科技有限公司、常州市建筑科学研究院集团股份有限公司 |
| 37 | 2018ZD355 | 江苏省超低能耗居住建筑技术导则 | 江苏省住房和城乡建设厅科技发展中心、江苏省建筑科学研究院有限公司、中衡设计集团股份有限公司、南京工业大学、江苏南通三建集团股份有限公司、江苏丰彩建筑科技发展有限公司、北京绿建软件股份有限公司 |
| 38 | 2018ZD360 | 乡村绿色建设技术导则 | 江苏省住房和城乡建设厅科技发展中心、南京工业大学、江苏省城镇与乡村规划设计院、南京长江都市建筑设计股份有限公司 |

| 序号 | 项目编号 | 项目名称 | 完成单位 |
|---|---|---|---|
| 39 | 2018ZD104 | 装配式建筑全过程质量管理体系研究 | 江苏开放大学、南京金宸建筑设计有限公司 |
| 40 | 2018ZD122 | 采用 X 射线法检测装配式建筑竖向构件连接节点质量检测方法研究 | 江苏方建质量鉴定检测有限公司 |
| 41 | 2018ZD238 | 江苏省预制内外墙板、预制楼梯板、预制楼板产能和布局分析与预测 | 江苏省住房和城乡建设厅科技发展中心、东南大学 |
| 42 | 2018ZD322 | 装配式混凝土预制部品部件生产质量控制与检验关键问题研究 | 常州中铁城建构件有限公司、常州工学院 |
| 43 | 2020SF03 | 江苏省绿色建筑评价研究与标准编制 | 江苏省建筑科学研究院有限公司 |

# 1.2 项 目 介 绍

由于篇幅所限，本节选取部分科研成果进行介绍。

## 1.2.1 可再生能源建筑应用项目实施后评估研究

1. 研究背景

随着各类可再生能源建筑应用示范项目的建成和投入运行，可再生能源建筑应用项目的实际运行效果是否与设计初衷相符将逐渐成为人们关注的重点。通过监测、调研及实测等手段掌握已投入使用的可再生能源建筑应用项目的实施效果，继而采取措施解决运行中的问题并提高管理水平，从而确保项目处于良好的运行状态，是未来可再生能源建筑应用工作的重点之一。江苏可再生能源建筑应用规模位居全国前列，开展可再生能源建筑应用项目后评估研究具有重要意义。

2. 研究目标

（1）收集数据，掌握江苏可再生能源建筑建成后的能耗状况和节能效果，分析项目运行状态与设计状态存在差异的主要原因。

（2）研究改善或解决实际运行中出现的问题的技术措施，在后续项目推广过程中避免相关问题再度出现。

（3）及时总结可再生能源建筑应用项目在运行过程中的经验和问题，为更大规模的示范及建设工作提供案例指导与数据支持。

3. 主要研究内容

着眼于江苏已建成并投入使用一年以上的可再生能源建筑应用项目，重点针对太阳能光热、太阳能光电、地源热泵等技术在建筑中的单一或集成应用情况，利用实际运行记录数据对已投入使用的可再生能源系统运行性能的后评估研究，主要研究内容包括：

（1）建立江苏可再生能源建筑应用项目实施效果的后评估体系。

（2）利用后评估方法对江苏既有项目的实施效果进行评估。

（3）总结可再生能源系统在江苏技术应用的特征和节能运行方法。

4. 创新点

（1）对江苏已建成并投入运行一年以上的可再生能源项目开展后评估工作，项目数量超过 100 个，积累了大量的项目实际运行数据。

（2）综合地源热泵主机运行、地源侧条件、水系统输配等多个方面因素，提出了 EER 和 ΔEER 复合指标的后评估方法，建立了地源热泵建筑应用项目实施效果后评估体系，并应用于江苏既有地源热泵项目的实施效果评估，评估结果有助于地源热泵系统的运行能效提升。

（3）通过对太阳能光热系统的现场调研和数据分析，结合现场测试与运行数据中总结的能量平衡关系，提出了基于能量平衡的后评估方法，分别从集热子系统的集热能力、太阳能光热系统基础指标、全年 COPs 三个方面对太阳能光热系统进行了综合评价，对太阳能系统的运行优化具有较好的指导意义。

## 1.2.2  设区市公共建筑能耗限额研究

1. 研究背景

《江苏省绿色建筑发展条例》第三十条规定：设区的市建设主管部门应当会同相关部门制定机关办公建筑和大型公共建筑能耗限额，并定期公布超限额的用能建筑名单。江苏基于能耗监测、能源审计等技术手段，对全省各类公共建筑开展了能耗摸底，出台了公共建筑能耗限额，开启了公共建筑能耗限额管理工作。截至 2020 年末，共有 11 个设区市开展了公共建筑能耗限额研究，其中盐城、扬州、南京、徐州、淮安、镇江 6 个设区市分别于 2019～2020 年先后通过验收。

2. 研究目标

了解江苏各类公共建筑实际运行情况，收集整理各类公共建筑基本信息与运行能耗数据，在此基础上制定分类能耗限额指标，以此帮助公共建筑业主了解自身能耗水平，加强自身节能管理工作，推动既有公共建筑节能改造。

3. 主要研究内容

（1）通过能耗监测平台、能源审计、现场调研等方式，收集办公、文化教育、医疗卫生、宾馆酒店、商场、场馆等各类公共建筑基本信息与能耗数据。

（2）结合建筑面积、用能人数、使用设备情况、运行特点等内容，对能耗数据进行分析，掌握不同种类公共建筑的用能特点，分析不同因素对能耗的影响。

（3）基于数学统计方法确定各类公共建筑能耗限额的约束值和引导值，通过对影响因素的分析确定各类能耗限额的修正系数，并选取典型案例进行验证。

4. 创新点

（1）对全省机关办公、商业办公、文化教育、医疗卫生、宾馆酒店、商场、场馆等各类公共建筑进行了详细的基本信息与能耗数据收集，累计收集近 1 万栋公共建筑相关数据，选取其中具有代表性的项目开展现场调研，掌握各类公共建筑用能特点与能耗水平。分类制定公共建筑能耗限额指标，有效推动节能管理、节能改造等工作的开展。

（2）南京市对机关办公建筑提出了数据机房 EEUE 指标、办公时间修正方法，对三级医院提出了就诊人数因素修正方法，分别制定了单位建筑面积能耗指标（kgce/m$^2$）和单位建筑面积等效电指标（kW·h/m$^2$）；徐州市、盐城市、扬州市针对建筑规模、人员密度、空调形式、使用时间等因素对能耗的影响进行了分析；镇江市分别采用四分位法和基于限额水平法制定了能耗限额指标，并选取重点案例进行试点分析；淮安市根据市级能耗监测平台数据，对典型案例进行了空调、照明插座等分项能耗分析，提出了建筑规模、空调系统、商场营业时间 3 项修正系数。

## 1.2.3　江苏省"绿色建筑＋"技术体系与标准研究

1. 研究背景

随着建筑科技快速发展，与绿色建筑相关的建筑工业化、海绵城市、碳排放计算、建筑信息模型、垃圾资源化利用、浅层地热能源利用、健康性能需求提升等新领域、新技术快速发展，为丰富绿色建筑内容，扩展绿色建筑内涵，对新领域、新技术进行更新及增补，同时完善指标体系，提升绿色建筑性能，扩大绿色建筑评价覆盖面，在绿色建筑评价体系基础上开展"绿色建筑＋"评价体系研究，进一步加强绿色建筑与建筑预制装配技术、BIM 技术、超低能耗、智慧建筑、海绵城市、健康建筑等技术措施的深度融合，使江苏继续保持绿色建筑工作的领先地位，引领绿色建筑的发展。

2. 研究目标

（1）建立"绿色建筑＋"评价体系，纵向优化原有关键性技术指标，如建筑节能率指标、可再生能源应用比例、非传统水源利用率、可再循环材料用量比例等。此外，优化原有条文内容，突出人、建筑、自然和谐共生的低碳循环、绿色共享内涵，使

"绿色建筑＋"评价体系从重视建筑，转向更加关注人的健康发展。

（2）横向拓展整体评价内容，结合江苏发展需求，丰富绿色建筑内容，扩展绿色建筑内涵，对新领域、新技术进行更新及增补，完善指标体系，提升绿色建筑性能，扩大绿色建筑评价覆盖面，为江苏绿色建筑新发展和评价思路提供支撑。

3. 主要研究内容

（1）抽选江苏省 100 个取得二星级、三星级认证的绿色建筑案例进行研究，考察选定的"绿色建筑＋"技术在实际案例中的应用情况，分析"绿色建筑＋"技术应用中存在的问题及不足，从而制定"绿色建筑＋"技术条文内容。

（2）对江苏取得绿色建筑评价标识并投入运行的 30 栋绿色建筑运行性能和使用者舒适度进行综合、量化评价分析（采用数据库法、参数测试法、用户问卷调研法），从绿色建筑运行过程的技术经济性、建筑室内外环境质量、资源节约效益及用户满意度等 4 个方面评价绿色建筑使用效果。通过对《绿色建筑评价标准》的应用进行验证，发现现有绿色建筑存在的问题并提出建议，全面显著提升绿色建筑的品质和性能，并验证后评估方法的可行性。

（3）结合江苏省 100 个绿色建筑案例调研，以及江苏绿色建筑运行性能的后评估研究，对现有绿色建筑技术条文内容进行优化，为后续相关标准的修编提供了支撑。

4. 创新点

在深入调研国内外绿色建筑最新技术和发展趋势，并对江苏 100 个绿色建筑案例和 30 个绿色建筑评价标识项目进行深入测评和后评估基础上，梳理了适合江苏地域、气候、经济和行业特点的超低能耗建筑、健康建筑、装配式建筑、BIM 以及智慧建筑等新技术体系，在国内率先提出将上述 5 项技术与绿色建筑标准体系融合发展的思路，扩展了绿色建筑内涵，提出了具有江苏特色的绿色建筑评价体系，为江苏推进绿色建筑高质量发展提供了有力的技术支撑。

## 1.2.4　绿色智慧建筑（新一代房屋）课题研究与示范

1. 研究背景

"十三五"以来，江苏把深层次推进绿色建筑发展，实施"绿色建筑＋"工程，推进绿色建筑高质量发展作为工作重点，梳理整合国内外绿色建筑发展成果，分析未来人居需求变化和建筑发展趋势，研究构建适合江苏省情、具有"适度超前"引领性的绿色智慧建筑（新一代房屋）技术体系，并通过一批试点示范项目加以实践完善，对于江苏今后在新一代绿色建筑发展有着重要的启示意义。

2. 研究目标

（1）通过对建筑人居环境的历史发展梳理，针对社会发展、人口变化、科技创新对建筑业发展的影响分析，提出新一代房屋发展方向的研判。

（2）以满足不断提升的人居生活品质需求为目标，打破传统建筑分专业的机械设计思维，从整体研究建筑，提出新一代房屋的概念、内涵、关键特征和指标体系。

（3）通过对绿色、健康、装配式、近零能耗、智慧等新一代房屋关键要素的系统整合优化，从建筑设计方法创新、建筑空间可变探索、新型建造方式、室内环境健康舒适、科技产品广泛应用、智慧人居运营管理等多方面开展深入研究，形成新一代房屋指标体系和关键技术体系，并通过示范项目开展探索实践。

3. 主要研究内容

（1）基于统计信息和相关领域的基础性研究，推导并提出人口变化、社会发展、文化传承和科技创新对江苏建筑业发展的潜在影响。针对江苏 13 个城市共 3096 份样本进行了系统性调研，了解被调查人群对于未来房屋的需求，明确基于技术的未来房屋发展趋势与江苏人民群众实际需求之间的相关性与差异性。

（2）基于社会发展、人口变化、科技变革对江苏建筑业发展影响，在新时代背景下提出了新一代房屋概念和内涵，提炼出绿色、健康、长效、智慧、人文等五大维度关键特征和数十项分目标，进而构建出涵盖目标层、要素层、指标层，具有引领性的关键指标体系，以此提出目标导向的创新设计方法。

（3）基于新一代房屋的发展方向与理论体系，从创新设计方法、新型建造方式与关键技术、高品质室内环境营造关键技术体系、智慧化架构与关键技术等方面，建立用于指导新一代房屋建筑落地实施的路径与技术体系，为新一代房屋建筑的示范应用提供可实施、推广的技术支撑。

（4）在南京市江北新区人才公寓（1 号地块）3 号未来住宅项目、盐城市城南新区教师培训中心等住宅、公建项目中实践新一代房屋技术体系。

4. 创新点

（1）提出了新时代背景下新一代房屋的五大发展方向，基于系统工程理论方法构建了新一代房屋理论体系。

（2）构建了新一代房屋的环境可持续性设计方法与技术体系，提出了高品质室内环境指标体系与营造技术体系。

（3）提出了基于新一代房屋顶层设计的工业化实施路径、数字化建造技术体系，搭建了新一代房屋智慧化架构与实施路径。

## 1.2.5　基于绿色建筑的能效测评技术体系及推进机制研究

1. 研究背景

为在验收时有效监管绿色建筑技术指标落实情况，保证绿色建筑设计阶段拟采用的技术措施实施到位，江苏开展基于绿色建筑的能效测评技术体系及推进机制研究，建立一套适应于绿色建筑竣工验收阶段的测评体系，对二星级及以上绿色建筑技术要求落实情况进行合理测评，为进一步推动全省绿色建筑高质量发展提供技术支撑。

2. 研究目标

（1）依托绿色建筑相关标准，采用标准梳理、文献检索、数理统计等方法，构建绿色建筑测评体系。

（2）制定评估方法，对二星及以上绿色建筑技术措施在施工阶段的落实程度与指标水平进行测评，为绿色建筑专项验收提供方法依据。

（3）构建一套江苏省绿色建筑能效测评工作机制，为绿色建筑能效测评工作的开展提供政策依据。

3. 主要研究内容

（1）调研200个绿色建筑设计标识项目的绿色建筑技术指标，根据调研结果采用模糊灰色聚类法对绿色建筑基础项能效进行等级评估。

（2）提出星级专项评估方法，对绿色建筑二星、三星技术在施工阶段的落实程度与指标水平进行测评。

（3）在江苏现有能效测评机制的基础上，建立政府引导、管理体系、保障机制、市场机制等四个方面的推进机制，为绿色建筑能效测评工作的开展提供制度保障。

4. 创新点

（1）构建了以设计、施工与验收为主线，包含绿色建筑室外环境、室内环境、资源节约和绿色施工为一体的绿色建筑测评体系。

（2）提出了星级专项评估方法，对二星及以上绿色建筑的技术措施在施工阶段的落实程度与指标水平进行测评，为高星级绿色建筑验收提供依据，完善了绿色建筑验收质量监管体系。

（3）根据各地区推进建筑能效测评力度和效果，因地制宜地实施推进手段，保证江苏各地区切实有效地推动基于绿色建筑的能效测评工作。

## 1.2.6　乡村绿色建设技术导则

1. 研究背景

乡村是全面建成小康社会的重要阵地，乡村的绿色发展道路必须不断推进。习近平总书记在党的十九大报告中提出了"构筑尊崇自然、绿色发展的生态体系"的理念，做出"推进绿色发展"的科学部署，为我国的绿色发展提供了基本遵循和行动指南。乡村建设的一系列制度设计为乡村建设提供了有效的制度保障，也是建设好乡村的前提条件。

2. 研究目标

（1）利用地方材料。不同地域环境所具有的气候特征是不一样的，江苏乡村建筑中所使用的建材通常要根据当地气候特点而定，因地制宜选用地方材料，既能降低材料生产制造成本，又能节省耗材的运输成本，最主要的是就地取材能更好地融入当地气候环境，构建宜人的住所。

（2）利用自然地形。江苏南北向跨度较大，不同地方的地形构成之间有着天壤之别，尤其是在乡村，原始地貌保留十分完整，如果使用统一化的现代建筑技术就会打破原有的地貌特征。而适宜技术的应用则是为了适应当地的人文气息与地理环境，促进人与自然协调统一发展，所以，针对不同的地形地貌，要在能保持原有生态环境的基础上找出适应性最佳的建筑技术方法。合理利用地形进行房屋建造，既可以使资源得到充分利用，又保护了生态环境，而且可以保证乡村建筑的风格极具地方特色。

（3）采用节能技术。随着不可再生资源的过度开发使用，节能成了适宜技术应用中的重点，用可再生清洁能源代替当前的能源消耗成了人们现在的研究目标。当前利用率最高的可再生能源是太阳能，太阳能的使用可以大大提高适宜技术的环境效益。所以，在江苏光照条件较为良好的华北地区，实现对太阳能的充分利用是适宜性很高的战略举措。

3. 主要研究内容

城镇绿色建筑的建造中心围绕着"四节一环保"，而农村绿色建设则不仅针对单体建筑，应以村庄整体为单位，从选址布局、基础设施建设、节能、环境等方面入手开展建设。

（1）选址布局方面，主要强调选址科学、边界自然、布局合理、新旧融合等，这些要求都有利于村庄建设更好地顺应自然条件，减少能源、经济、土地等资源浪费。

（2）基础设施方面，农村的经济性基础设施建设主要集中在农村能源、水利、交通领域，社会性基础设施包括医疗卫生、文化教育等公共服务设施，经济性基础设施的绿色建设主要是雨污处理、垃圾收运等方面，社会性基础设施的绿色建设则主要通过合理功能、服务半径等的设计来加强公共资源的使用效率。

（3）农村建筑可采用的节能手段主要是建筑围护结构的保温隔热技术、建筑用能系统节能技术和可再生能源利用技术。建筑围护结构的保温隔热主要针对外墙、外窗、屋顶三方面，在外墙和屋顶铺装保温材料，外窗替换为双层中空低透型玻璃窗，同时增加窗框的密封性能。空调和灯具可选用节能型设备，有效利用太阳能、沼气等自然资源，以减少建筑能源的消耗量。

（4）农村环境的生态化，主要通过村容整治、绿地规划、控制农业面源污染等措施来解决。

4. 创新点

（1）首个省级区域内针对乡村绿色建设的技术导则，依据因地制宜、成本合理的原则提出了绿色建设技术细则，有利于提高乡村绿色建设，改善农村、农房、农民居住的舒适性和安全性，强化乡村的节能减排。

（2）导则编制内容体现了江苏乡村绿色建设技术特色，对提升江苏乡村建设品质具有重要的指导意义。

（3）课题研究成果科学、合理、可行、有效，为江苏省下一阶段推进乡村绿色建设提供了有力的技术支撑。

# 第 2 章 标 准 规 范

## 2.1 地 方 标 准

### 2.1.1 总体情况

"十三五"以来，江苏省在国家和行业标准基础上建立了分级明确、层次清晰的绿色建筑标准体系。在综合标准方面，发布实施了《住宅设计标准》DB 32/3920—2020、《绿色建筑设计标准》DB 32/3962—2020；在专用标准方面，先后发布实施了绿色建筑设计、施工、验收等标准，以及建筑节能、可再生能源利用等标准，并发布了《江苏省超低能耗居住建筑技术导则（试行）》。标准体系在绿色建筑相关工作中发挥了重要的约束、引导和保障作用，体现了先进性与前瞻性、适用性与实用性、针对性与可操作性、可复制性与可推广性。

2019 年以来，江苏批准 56 项工程建设标准、标准设计立项，内容涵盖城区规划、建筑设计、施工、运营、检测评价、验收管理等方面。据不完全统计，其中绿色建筑与装配式建筑相关标准 15 项（表 3-2-1）。

江苏绿色建筑与装配式建筑相关标准汇总（2019～2020 年）　　表 3-2-1

| 序号 | 名称 | 编号 | 实施时间 | 主编单位 |
|---|---|---|---|---|
| 1 | 《江苏省高性能混凝土应用技术规程》 | DB 32/T 3696—2019 | 2020. 3. 1 | 江苏省建筑科学研究院有限公司、东南大学 |
| 2 | 《预拌砂浆绿色生产管理技术规程》 | DB 32/T 3704—2019 | 2020. 3. 1 | 江苏省建筑工程质量检测中心有限公司、江苏省经济和信息化委员会散装水泥办公室 |
| 3 | 《装配式混凝土建筑施工安全技术规程》 | DB 32/T 3689—2019 | 2020. 3. 1 | 江苏省建筑安全监督总站、东南大学 |
| 4 | 《装配式混凝土结构工程施工监理规程》 | DB 32/T 3707—2019 | 2020. 3. 1 | 江苏省建设监理协会 |

续表

| 序号 | 名称 | 编号 | 实施时间 | 主编单位 |
|---|---|---|---|---|
| 5 | 《装配式纤维增强水泥轻型挂板围护工程技术规程》 | DB 32/T 3708—2019 | 2020.3.1 | 南京倍立达新材料系统工程股份有限公司、江苏省建筑科学研究院有限公司 |
| 6 | 《公共建筑能源审计标准》 | DB 32/T 3751—2020 | 2020.5.1 | 江苏省住房和城乡建设厅科技发展中心、苏州市建筑科学研究院集团股份有限公司 |
| 7 | 《江苏省装配式建筑综合评定标准》 | DB 32/T 3753—2020 | 2020.5.1 | 江苏省住房和城乡建设厅科技发展中心、南京长江都市建筑设计股份有限公司 |
| 8 | 《装配整体式混凝土结构检测技术规程》 | DB 32/T 3754—2020 | 2020.5.1 | 南京市建筑安装工程质量监督站、东南大学 |
| 9 | 《雨水利用工程技术标准》 | DB 32/T 3813—2020 | 2020.12.1 | 南京工业大学、南京长江都市建筑设计股份有限公司 |
| 10 | 《居住建筑浮筑楼板保温隔声工程技术规程》 | DB 32/T 3921—2020 | 2021.2.1 | 江苏省建筑科学研究院有限公司 |
| 11 | 《民用建筑能效测评标识标准》 | DB 32/T 3964—2020 | 2021.5.1 | 江苏省住房和城乡建设厅科技发展中心、南京工大建设工程技术有限公司 |
| 12 | 《装配整体式混凝土结构检测技术规程》 | DB 32/T 3754—2020 | 2021.5.1 | 南京市建筑安装工程质量监督站、东南大学 |
| 13 | 《装配式混凝土结构现场连接施工与质量验收规程》 | DB 32/T 3915—2020 | 2021.5.1 | 东南大学、南京工业大学 |
| 14 | 《住宅设计标准》 | DB 32/3920—2020 | 2021.7.1 | 南京长江都市建筑设计股份有限公司、东南大学建筑设计研究院有限公司 |
| 15 | 《绿色建筑设计标准》 | DB 32/3962—2020 | 2021.7.1 | 江苏省住房和城乡建设厅科技发展中心、南京长江都市建筑设计股份有限公司 |

### 2.1.2　标准解读

1.《绿色建筑设计标准》DB 32/3962—2020

（1）编制背景

为贯彻落实党的十九届五中全会提出的"推动绿色发展，促进人与自然和谐共生"要求，全面执行《江苏省绿色建筑发展条例》，江苏在全国率先完成《绿色建筑设计标准》修订。修订后的标准重点从安全耐久、健康舒适、生活便利、资源节约、环境宜居等五个方面积极回应了新时代下绿色建筑内涵的拓展，对相应的内容和措施做出了一系列的完善和提升，助推江苏绿色建筑高质量发展。

（2）主要内容

本标准是工程建设强制性地方标准，共 13 章。主要调整和变化的内容包括：

1）场地设计增加了公交站点连接、人车分流、电动汽车充电设施、电动汽车和无障碍汽车停车位、垃圾分类收集等。

2）建筑设计增加了建筑适变性、地下停车充电设施、建筑围护结构安全耐久、防坠落措施、栏杆安全防护、地面防滑、安全标识系统等。

3）结构设计增加了主体结构耐久性设计、抗震性能优化、百年建筑设计、外围护结构安全耐久性、外部设施一体化、非结构构件安全耐久性、栏杆荷载、建筑隔震。

4）暖通空调设计增加了过渡空间，合理降低温度设定标准、隔声减震、部分负荷能效指标、风机水泵节能评价值、空调气流组织等。

5）给水排水设计增加了给水排水系统永久性标识、各类水质要求、地漏水封、二次用水安全、管材耐久性、恒温混水阀等。

6）电气设计增加了电动汽车充电设施、管线耐久性、管线分离、光源安全性等。

7）新增了智能化设计，明确了信息网络系统、建筑设备系统自动监控管理功能以及建筑智慧运行等要求。

8）新增了室内装饰装修设计，明确了全装修、室内装修不得影响消防疏散、全龄化、室内标识系统、装修材料有害物质限值等要求。

9）景观环境设计增加了健身与全龄化设施、居住区遮阳覆盖率、室外吸烟区、室外场地防滑、室外标识系统等要求。

（3）创新点

1）安全适老，实现全龄友好。新标准要求通过建筑出入口设置防护挑檐、雨棚以及利用绿化、裙房构成缓冲区等方式降低高楼坠物风险；强调建筑室内外地面严格满足防滑要求，避免因地面湿滑产生的伤害事故，对于建筑的安全防护性能提出了更高的要求。

2）健康舒适，关注室内空气品质。聚焦室内环境空气品质，强制要求人员密集公共场所设置室内空气监测系统并实时公告，借助智能化的技术手段，强化公共场所的健康运营，旨在为百姓提供健康舒适的建筑环境。

3）品质耐久，设计寿命升至 100 年。新标准倡导高品质、高耐久性的建筑，积极推动住宅产品升级。对于结构体系、水电管材的耐久性提出了更高的指标；针对差异化、个性化的居住需求，以及家庭空间使用要求的动态变化，新标准提倡空间灵活可变的建筑设计。

4）智慧便利，符合电动车和智能社区新趋势。为满足电动车发展的需求，新标准要求停车场必须设置电动车充电设施或具备充电设施的安装条件。同时要求全面提升建筑数字化、智能化水平，为智慧城市、智慧社区的建设奠定基础。

5）环境友好，对能耗和垃圾收集有新要求。新标准首次将空气源热泵热水技术纳入建筑可再生能源应用范畴，拓展了清洁能源利用形式；提出了生活垃圾收集点的设置要求，强调与周围环境协调，满足方便居民、不碍观瞻，且有利于垃圾分类投放和机械化作业的要求。

2.《住宅设计标准》DB 32/3920—2020

（1）编制背景

为进一步贯彻"适用、经济、绿色、美观"新时代建筑方针，发挥标准的约束引导作用，切实保护人民生命安全和身体健康，针对新冠肺炎疫情应对中住宅设计暴露出的短板和不足，快速启动《住宅设计标准》的修订。修订坚持以人民为中心的发展思想，通过对住宅的全寿命、全过程、全员进行分析和研究，进一步优化和完善了住宅户型、通风、排水、室内空气质量、热环境、声环境、智慧等设计要求。

（2）主要内容

本标准是工程建设强制性地方标准，共12章。主要调整和变化的内容包括：

1）针对行业发展新方向、新理念，在"基本规定"章节增加卫生防疫、节能设计、适老化设计、绿色、健康、低碳、智慧等基本要求。新增BIM技术应用、通信基础设施设置条文，促进住宅建设高质量、高品质发展。

2）新增"住区总平面"章节，包括总平面布局、景观环境、配套设施和标识系统，从住宅建筑单体要求扩展到住区层面，对住区的配套设施和场地环境设计等提出具体要求，满足人民群众对居住环境和配套设施更高的需求。

3）调整和提升"使用标准"，针对居住需求，提升厨房面积标准，要求卫生间采用分离式布局等要求。针对新冠肺炎疫情后人民群众对于卫生健康更加关注的需求，增加宜设门厅和门厅多功能化要求，满足通行、收纳、清洁等功能。细化担架电梯设置要求，要求七层至十一层住宅应配置可容纳担架（含削角担架）电梯。十二层及以上的住宅，应配置1台可直进直出担架电梯，满足病人老人急救需求。增加地下室充电桩、防火、防涝等要求。同时新增"建筑立面"小节，针对住宅设计千篇一律、传统文化缺失的问题，强调"因地制宜传承地域建筑文化"等要求。

4）"环境标准"中，要求住宅全面设置新风系统，提高分户楼板撞击声隔声性能，细化凹槽采光要求，修改和增加室内空气污染物浓度标准，全面提升住宅性能和品质。

5）"设施标准"中，针对网络快递业的快速发展，新增智能信报箱、智能快递柜要求，强化空调室外机位的安装、维修、安全及通风要求，保障居住安全，细化垃圾分类设置等要求。

6）进一步细化和完善"消防标准"，调整商业服务网点楼梯净宽和踏步高度要求，细化高层住宅裙房（门厅）的进深计算方法，细化住宅套内自用地下室疏散楼梯、敞开连廊开口宽度、超高层避难区设计等要求，进一步提升住宅消防安全。

7）完善"结构标准"，新增结构布置应提高对建筑功能的适变性的要求，便于住户的灵活分隔改造。推广装配式混凝土结构、装配式钢结构等新型建筑产业化结构体系，补充江苏装配式建筑、三板应用等要求。

8）"设备标准"中，新增小区智能化标准，明确智能化系统的配置标准；增加户内排水管道应采用降噪管材要求，提倡后排式同层排水系统，提高地漏设置标准，增加生活水池（箱）材质、消毒、水质监测、清洗等要求；提高户内插座设置标准，要求卧室、客厅采用带 USB 的插座；增加新风系统出室外新风口、排风口的布置要求，细化毛细管辐射空调系统应采取防结露措施等要求。

9）新增"维护与管理"章节，增加推进智慧住区、建立应急管理机制、倡导社区自治互助、增进社区居民交流等要求，强调社区应建立各项维护管理制度，首先从设计上预留各项社区管理服务的条件，加强住区应对各类灾害的能力，为提升住区运营管理服务水平提供基础条件。

（3）创新点

1）关注住区的安全健康性能。要求设置新风系统或新风装置，提倡采用后排式同层排水系统，增加了户内排水管道应采用降噪管材要求，细化毛细管辐射空调系统应采取防结露措施等要求。

2）关注住区的全龄友好。聚焦老人和儿童两大群体，要求进行适老化设计和无障碍设计。提高担架电梯设置标准，明确设置社区居家养老服务用房，设置兼顾不同年龄段人群的活动场地，打造全龄友好住区。

3）关注住区的智能智慧。新增小区智能化标准，明确智能化系统的配置标准和提倡采用非接触通行的控制管理系统，新增设置智慧家居系统、提高户内插座设置标准。

4）关注住区的应急防控。利用物业管理用房或地下车库等部位合理设计应急、防灾物资用房、空间或设施，加强管井桥架防火封堵和超高层住宅防火分隔，增强住区应对灾害能力。

# 2.2 技 术 导 则

为完善建筑节能标准体系，2019～2020 年江苏在超低能耗居住建筑、绿色校园、绿色社区等重点领域开展研究，开展了《江苏省绿色校园建设技术导则》《绿色社区建设技术导则》《夏热冬冷地区超高层建筑绿色技术导则》《夏热冬冷地区绿色住宅建筑后评估技术导则》编制工作，完成并发布了《江苏省超低能耗居住建筑技术导则（试行）》。

### 2.2.1 《江苏省超低能耗居住建筑技术导则（试行）》

1. 编制背景

《江苏省"十三五"建筑节能与绿色建筑发展规划》中提出：新建建筑节能标准从65%逐步提高到75%，同时开展超低能耗与被动式建筑试点示范，重点探索适宜江苏气候特点的被动式超低能耗绿色建筑技术路线，为分地区、分步骤推进被动式超低能耗绿色建筑奠定技术基础。2018年，省住房和城乡建设厅立项了《江苏省超低能耗居住建筑技术导则》（以下简称《超低能耗导则》），根据地区气候特色、人文发展、科技发展情况对被动式技术做了理性剖析和取舍，明确了以高舒适度为导向的建筑节能路线，正式启动了导则编制工作。

2. 主要内容

《超低能耗导则》适用于江苏省新建、改建和扩建的超低能耗居住建筑的设计、施工、验收及运行管理。宿舍、公寓等建筑可参照执行。导则目次包括：1 总则；2 术语；3 基本规定；4 设计；5 施工；6 检测与测评；7 验收；8 运行管理；附录 A～附录 B。

（1）明晰了超低能耗居住建筑的节能率

超低能耗居住建筑在满足规定的室内环境舒适度情况下，通过设计和技术手段，大幅降低建筑供暖供冷需求，充分利用自然采光、日照和通风，提高能源设备与系统效率，应用可再生能源，使其供暖、供冷能耗较江苏省2014年节能标准降低50%以上。

（2）明确了超低能耗居住建筑的设计原则

超低能耗居住建筑应根据气候特征和场地条件，遵循"被动优先，主动优化"的设计原则，以室内环境和能耗指标为约束性指标，采用性能化设计方法合理确定技术策略，并结合设备能效提升可再生能源的利用，达到建筑超低能耗目标的实现。

（3）构建了超低能耗居住建筑的技术措施

超低能耗建筑应根据建筑功能和环境资源条件，开展气候适应性设计，提高建筑自然采光、自然通风性能，降低建筑用能需求，故在建筑体形系数、围护结构、机电设备、可再生能源等方面构建了相关技术措施。

3. 创新点

（1）首次对江苏超低能耗建筑能耗指标进行了明确，提升了室内舒适度的室内环境参数指标，同时创新性地提出了包括冬夏季遮阳在内的建筑节能策略。

（2）探索了可再生能源应用的种类和范围，提出空气源热泵作为太阳能热水系统不满足使用效果时作为可再生能源辅助热源，并对机组提出了明确的设置和运行要求。

（3）研究并构建了超低能耗居住建筑计算软件（江苏版），通过"一模多算"和"模型共享"技术，可将目前国内建筑设计行业已有的成果直接用于能耗模拟。

（4）开展了被动式超低能耗绿色建筑气密性检测方法的研究，包括检测设备的使用方法、检测过程中关键技术问题的发现和研究解决。

# 第4篇 | 示范引领

"十三五"期间，江苏积极推进各级各类绿色建筑和建筑节能示范项目创建。一方面积极组织各类型国家级示范项目的申报和实施；另一方面通过省、市财政设立的专项资金，支持各类型绿色建筑和建筑节能示范项目。逐步形成了多层次、多类型，全省域覆盖的示范局面，建成了一批有社会影响力的示范项目，有效推进了江苏省绿色建筑和建筑节能发展。

# 第1章 总 体 情 况

"十三五"期间，江苏共获得国家级示范项目9项，其中公共建筑节能改造项目5项，公共建筑能效提升重点城市1项，科技示范项目3项。目前苏州大学等5项公共建筑节能改造项目已经全部完成并通过验收，完成了95.14万 m² 公共建筑的节能改造，年节约标准煤7265.94t，单位面积能耗下降超过17%，年减碳量1.9万 t。

江苏自2008年设立省级专项引导资金，截至2020年末，共立项各类项目898项，包括区域示范类（绿色建筑区域示范、既有建筑节能改造示范城市）、绿色建筑示范、高品质绿色建筑示范、可再生能源建筑应用、超低能耗建筑、既有建筑节能改造、合同能源管理、节能监管体系建设、建筑用能管理示范、节能科技支撑等类别。截至2020年末，立项的898个示范项目中已完成780项，正在实施的项目118项，验收完成比例达86.9%。

"十三五"期间，省级专项资金总计支持项目207项，安排资金总额达61320.9万元（图4-1-1）。其中绿色城区得到的支持力度最大，累计安排资金超过3.03亿元，占比超过49.4%。通过鼓励区域集成示范，带动了绿色建筑、建筑节能项目的实施，推动了地方绿色建筑整体工作，最大限度发挥了财政资金效益。

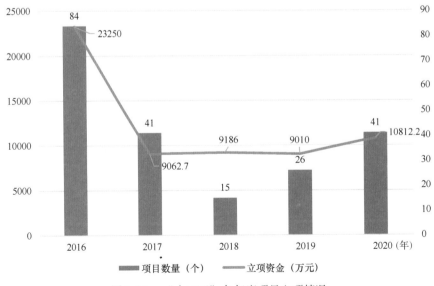

图 4-1-1 "十三五"各年度项目立项情况

2019～2020 年，共验收完成示范项目 86 项，取得了良好的示范效果（附表 1）。

2019～2020 年，省级专项资金立项 67 项，安排资金总额 19822.2 万元，其中绿色城区仍然是支持的重点，资金比例超过 40%，在保持对既有建筑改造进行资金支持的基础上，新增了高品质绿色建筑实践项目（附表 2）。

各类型项目具体情况如下：

1. 绿色城区

立项 4 项，累计安排资金 8500.0 万元。其中绿色宜居城区 2 项，绿色城区 2 项。预期建成绿色建筑总面积超过 500 万 m$^2$，其中二星级及以上绿色建筑占比超过 85%，超低能耗被动式建筑面积 1 万 m$^2$。

2. 高品质绿色建筑实践

立项 17 项，累计安排资金 5520.0 万元，总建筑面积 129.1 万 m$^2$，全部达到二星级以上绿色建筑要求。

3. 既有建筑能效提升

立项 34 项，预期实施项目总面积 262.1 万 m$^2$，项目完成后每年可节约标准煤14457.1t，折合碳减排量 37877.6t。

4. 科技支撑项目

立项 12 项，累计安排资金 935.2 万元，全部是绿色建筑、建筑节能和新型建造关键技术研发及应用项目，为绿色建筑的深入发展提供理论和技术基础。

# 第2章 推 进 机 制

## 2.1 设立省级专项资金

为进一步推动绿色建筑、建筑节能工作高质量发展，2019年省财政厅、省住房城乡建设厅对省级专项资金管理办法进行了修订。修订后的管理办法将省级专项资金名称调整为"绿色建筑发展专项资金"，分为五章，对参与资金管理的各部门职责做了明确规定，明确了支持范围和方向，补充资金分配与使用要求、绩效评价与监督检查要求。

1. 以绿色建筑发展为主要支持方向

伴随着省级专项资金名称的变更，专项资金围绕绿色建筑发展规划和江苏建造2025行动纲要，重点支持以下方向：

（1）绿色城区高品质集成建设，高品质绿色建筑标识项目；

（2）可再生能源建筑一体化应用、智慧建筑、超低能耗（被动式）建筑；

（3）既有建筑规模化节能改造、既有建筑绿色化改造、合同能源管理；

（4）精益建造、数字建造、绿色建造和装配式建造等新型建造方式在绿色建筑中的综合集成应用项目；

（5）其他有利于推动绿色建筑高质量发展项目。

2. 增加项目库管理要求

省和市县住房和城乡建设部门负责建立专项资金项目库，并对项目库进行滚动管理。专项资金将主要支持列入项目库管理的项目。

3. 强调资金绩效评价

各级住房城乡建设部门、财政部门将依据职责分工，加强对项目实施和资金使用的监督检查，并根据资金绩效评价制度，对项目绩效情况进行评价，评价结果将作为以后专项资金分配的参考依据。

## 2.2　建立健全管理机制

为了规范示范项目的管理，确保财政资金补助项目发挥应有效益，省住房城乡建设厅制定了项目管理办法，细化了管理规定，建立健全了管理制度体系，明确了项目管理职责、程序和考核要求。对项目的申报、审核、监管、验收等工作制定了明确的流程和要求；在组织项目实施、工作推进及实施管理方面探索构建了一整套翔实有力的监管措施，具体包括：

1. 申报和立项

每年年初，省住房城乡建设厅会同财政厅根据中央和省委、省政府政策要求和年度重点工作任务，结合各地工作推进情况，下达项目申报指南。各地组织项目单位申报，并对项目进行初审，通过审核的项目上报省住房城乡建设厅。申报材料提交后，省住房城乡建设厅会同省财政厅对申报项目进行初审、评审、公示、下达。

近两年，省住房城乡建设厅按照专项资金管理办法，结合重点工作谋划支持项目类型。如 2019 年将区域示范调整为绿色宜居城区，新增了高品质绿色建筑实践项目，并在新建项目中提出了装配式建筑的相关要求，2020 年增加了有前瞻性的碳达峰、新型建造关键技术研发及应用的科技支撑项目。这些新增类型进一步扩大和丰富了绿色建筑工作的内涵。

2. 实施管理

根据省级专项资金管理工作手册，项目管理流程及要求如下：

（1）实施方案论证（科技支撑项目开题）阶段。示范项目应对初步的技术方案进行深化完善，由省住房城乡建设厅组织有关专家对项目进行实施方案的论证或项目开题，实施方案论证（开题）通过后的示范项目方可进行实施。

（2）过程管理阶段。各级建设主管部门在示范项目实施期间，对工作推进、项目落实与实施进展情况进行调研指导、定期核查和不定期检查，根据相关管理要求加以督促和指导。省住房城乡建设厅组织绿色建筑示范区项目的中期调研评估，设区市住房和城乡建设主管部门每季度跟踪了解示范项目实施进展情况，并对未按要求实施的加以督促落实。如项目发生重大变更调整，项目实施单位应及时提交变更调整情况材料。

（3）验收评估阶段。项目按计划完成实施方案具体工作任务后，由省住房城乡建设厅组织专家进行示范项目专家验收评估，通过验收的项目，由省住房城乡建设厅出具验收评估报告；未通过验收的项目，应重新整改，再次进行项目验收，直至项目通过验收，出具验收评估报告。

此外，省住房城乡建设厅每年组织召开全省绿色建筑与科技工作座谈会，对年度示范管理工作进行部署。不定期组织召开专题工作会、示范工程现场会和调研、培训等活动，及时掌握各地示范工作推进情况，研究解决共性问题，促进学习与交流。

3. 绩效考核

省住房城乡建设厅会同省财政厅成立绩效考核工作小组，对项目实施过程进行监督，对项目验收以及实施效果进行综合考核、评价。未实施的项目，收回专项资金；未按照计划实施的项目，根据节能目标和项目完成情况，对拨付的资金进行相应的核减。对违规使用专项资金的，根据资金管理办法的要求进行相应的惩处。

# 第 3 章　典　型　案　例

## 3.1　绿色城市/城区

### 3.1.1　徐州市绿色建筑示范城市

**1. 概况**

徐州位于江苏省西北部，苏鲁豫皖四省交界，素有"五省通衢"之称，是全国重要的交通枢纽。徐州中心城区包括老城中心、翟山片区、新城中心、城东片区等 8 个片区，规划总面积 573.2km²，规划人口 288 万人。在示范创建过程中，徐州中心城区以"实现城市有序建设、适度开发、高效运行，努力打造和谐宜居、富有活力、各具特色的现代化城市，让人民生活更美好"为目标，坚持"以点带面、有序推进、打造精品"的原则，通过各类示范工程的建设，全面推进全市绿色建筑工作，改善人居环境，提升城市规划建设绿色化水平，优化完善绿色建筑示范城市发展的长效机制（图 4-3-1）。

图 4-3-1　徐州新城区市民广场鸟瞰图

2. 特色亮点

（1）坚持规划先行，确保指标落地

徐州市在城市法定规划全覆盖的基础上，积极探索构建覆盖城市建设各子系统的绿色生态专项规划体系，重点开展了绿色建筑、能源利用、绿色交通、水资源利用、固体废弃物资源化利用等 16 项绿色生态专项规划研究与编制工作，建立了内容全面的绿色低碳指标体系，并将绿色建筑、装配式建筑、海绵城市等主要指标纳入地块规划条件（图 4-3-2）。通过前端管控，绿色建筑二星级及以上项目比例达 74.6%。

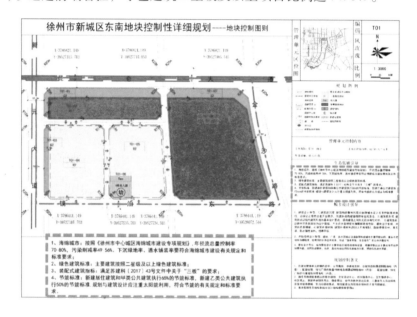

图 4-3-2　绿色指标纳入控制性详细规划图则

（2）发挥示范效应，带动全面发展

积极开展绿色建筑示范创建工作，鼓励建设高星级绿色建筑项目，带动全市绿色建筑高质量发展。创建期间，新开工绿色建筑示范项目 92 个，总建筑面积 1073.9 万 $m^2$，其中二星级及以上绿色建筑标识项目占比 94.0%。率先开展了居住建筑节能 75% 标准实践、大型公共建筑可感知项目实践等，通过相关数据的采集分析，结合使用者的反馈，精确分析绿色建筑实施效果，提升绿色建筑的可感知度，增强群众绿色健康的意识，实现绿色建筑长效健康发展。

（3）完善基础设施，提升生活水平

徐州市将绿色生态理念充分融入城市建设中，建成一批绿色生态基础设施（图 4-3-3 ~ 图 4-3-5）。建立了以轨道交通为骨干、地面公交为主体、步行以及租赁自行车等多种交通方式为补充的城市公交系统，城区绿色出行比例达到 70% 以上；城西片区（9.9km²）建成海绵城市试点区域，实施各类海绵城市方案 58 个，区域年径流总量控制率大于

图 4-3-3　徐州楚河金茂府（三星级绿色建筑设计标识）

78%；已建成市政综合管廊 11.59km；建成餐厨废弃物无害化处理和资源化利用项目，引进建筑垃圾资源化利用移动式处置试点，主城区餐厨废弃物资源化利用率 100%，建筑垃圾资源化利用率达到 94% 以上。

图 4-3-4　徐州新淮海西路综合管廊

图 4-3-5　徐州生物工程职业技术学院雨水花园

（4）探索生态修复，改善人居环境

通过实施"荒山绿化、生态湿地、宕口修复"等典型项目，对"山水"资源持续进行生态治理和修复，完成了 42 处露采矿山宕口的生态修复，让 72 个山头重新披上绿装；实施了九里湖、潘安湖等6432万 m² 市区采煤塌陷地的生态恢复，生态恢复率达到82.5%；城市建成区绿化覆盖率达43.73%，5000m² 以上的公园已达到177个，公园绿地500m服务半径覆盖率达到90.77%。完善了城市生态系统，优化和均衡了城市绿地布局，实现了从"一城煤灰半城土"到"一城青山半城湖"的华丽转身（图4-3-6）。

图 4-3-6　徐州黄河古道（水生态治理和修复）

3. 成效

徐州市通过绿色建筑、节水型城市、海绵城市、建筑产业现代化、智慧城市等多维度示范创建，为绿色生态城市的建设提供了重要的技术平台和建设基础，使低碳城市建设的系统性和协同优化成为可能，使徐州市的建设和发展由传统城市"高消耗、高排放、低产出"的"单向—线性"式发展，向"低消耗、低排放、高效益"的"循环—协同—平衡"式发展模式转变，提高城市的建设效率和发展质量。经测算，绿色建筑示范项目全部建成运营后，年节能量 10.0 万吨标准煤，年雨水回收量 62.3 万 m³，折合碳减排量 26.2 万 t。

## 3.1.2　昆山经济技术开发区绿色建筑和生态城区区域集成示范

1. 概况

昆山经济技术开发区位于江苏省东南部、沪宁城市发展轴，苏州东部对接上海的战略位置，区域面积115.0km²（图4-3-7）。昆山经济技术开发区以转变发展理念、创新发展模式为核心，以推进节能减排、建设幸福宜居城市为目标，以落实绿色生态专项规划、构建绿色发展长效机制为抓手，全面推进绿色建筑发展，结合区域特色推动工业建筑绿色化，同时推进城乡建设绿色转型，推动绿色产业发展转型升级，探索具有时代特征、昆山特色的生态文明发展之路。

图 4-3-7　昆山东部新城鸟瞰图

2. 特色亮点

（1）规划先行，筑牢绿色生态顶层设计

在完善总体规划、控制性详细规划等传统规划基础上，昆山经济技术开发区编制了能源综合利用、绿色交通、水资源综合利用、固废资源化利用等绿色生态专项规划，并反馈调整、完善原有法定规划，强化生态目标在控制性详细规划和专项规划中落实。同时，开展了昆山经济技术开发区《城市污水处理厂绿色改造方案》《既有建筑绿色改造规划》《绿色建筑技术指标及推进机制研究》《有机更新与绿色改造导则》等四个绿色生态专题研究，支撑示范区各项相关工作的开展。

（2）多措并举，推动绿色建筑全面发展

制定完善绿色建筑发展政策，明确绿色建筑全过程监管机制，在土地出让/划拨、方案审查、预评价审查、专项验收等阶段落实绿色建筑相关要求，依托市级 BIM 平台开展项目信息化管理（图 4-3-8），实现了绿色建筑发展从设计向运行，从民用建筑向工业建筑，从新建建筑向既有建筑的拓展延伸。创建期间，新开工绿色建筑示范项目22 个，总建筑面积 194.2 万 $m^2$，其中二星级及以上绿色建筑标识项目占比 95.0%，运行标识项目 13 个，总建筑面积 153.2 万 $m^2$，占比 78.9%。

（3）示范引领，促进城乡建设转型升级

设立绿色施工专项资金，创新管理办法，举办绿色施工专题培训讲座及现场观摩会，推广绿色施工指标体系及技术措施，提升建筑工地环境品质，打造一批绿色施工示范项目（图 4-3-9）。编制水资源综合利用规划、海绵城市建设实施方案，建立海绵城

图 4-3-8 昆山大数据分析平台中 BIM 监管与审批界面

图 4-3-9 昆山友达光电厂房（三星级绿色建筑标识）

市建设全过程监管体系，建成白土浦公园、湿地公园、体育公园、小虞河湿地公园等一批海绵城市技术应用项目（图 4-3-10）。此外，示范项目可再生能源利用率、新建商品住宅全装修比例达 100%，建成综合管沟长度 1.8km，城市供水管网漏损率 5.3%。

3. 成效

昆山经济技术开发区适应新一轮城市发展需求，紧抓绿色发展主旋律，通过提升城市功能、优化空间布局推动产城融合；通过落实绿色生态规划、全面推进绿色建筑发展、城乡建设绿色转型提升区域活力，建设幸福宜居城市；通过优化产业结构、土地利用推进新型工业化与城镇化融合发展，实现既有工业园区向创新型、服务型绿色科技城

图 4-3-10　昆山白士浦公园（海绵城市技术应用）

区的转型升级。经测算，绿色建筑示范项目全部建成运营后，年节能量 1.9 万吨标准煤，节水量 3.8 万 t，折合碳减排量 4.8 万 t。

### 3.1.3　盱眙县绿色建筑示范县

1. 概况

盱眙县地处淮安西南部，淮河下游，洪泽湖南岸，江淮平原中东部（图 4-3-11）。县域总面积 2497.3 km²，设有 3 个街道，10 个镇，1 个省属农场，总人口约 80 万人。盱眙是全国驰名的"淮河明珠、龙虾之都、帝王故里、生态家园"，获批全省首批生态文明建设示范县，2018 年获评全国最佳生态旅游目的地城市。盱眙县以绿色建筑示范县的创建实施为契机，建立示范县绿色生态指标体系，完善绿色建筑全过程管理机制，通过高星级绿色建筑、可再生能源建筑应用等示范工程的带动，全面推进绿色建筑、绿色农房建设工作，带动绿色建筑相关产业发展。

2. 特色亮点

（1）大力推动可再生能源发展，助力完成"3060"双碳目标

盱眙县制定了完善的可再生能源产业规划和扶持政策，全县新建绿色建筑项目 100% 应用可再生能源。同时，盱眙县充分利用自身可再生能源资源禀赋优势，大力引进风力、光伏、生物质能、垃圾焚烧等发电项目（图 4-3-12）。2014~2018 年间，全县可再生能源发电总量达 30.5 亿 kW·h，占总用电量比例达 35.3%。未来，随着后续新

图 4-3-11　盱眙县主城区鸟瞰图

建绿色建筑项目向"深绿"发展，以及可再生能源发电项目的持续投产，盱眙将力争为国家"3060"双碳目标的早日实现做出更大的贡献。

图 4-3-12　中节能光伏发电项目

（2）多管齐下建设美丽乡村，推广绿色农房

2014 年以来，通过村庄环境整治与长效管护，创建三星级康居乡村 5 个，市级五星级乡镇 5 个、市级环境长效管护示范乡镇 9 个、美丽乡村试点项目 7 个（图 4-3-13、图 4-3-14）。县自然资源局、住房和城乡建设局积极参与制定并全面落实《淮安市农民集中居住区规划建设管理导则（试行）》要求，在全县范围内实现绿色农房一星级绿色建筑全覆盖。

图 4-3-13　龙源风力发电项目

图 4-3-14　盱眙县天泉湖镇陡山村

（3）实施路径多样化，全面探索绿色发展路径

推进高星级绿色建筑项目、可再生能源建筑应用项目、既有建筑改造等示范项目实施，推动美丽乡村、节约型村镇建设、垃圾回收与资源化利用、节水型城市与海绵城市建设、绿色交通、建筑产业化等节约型城乡建设项目的落地，通过制度和财政保障、技术支撑、宣传推广等手段支撑全县绿色生态城市建设的跨越式发展（图 4-3-15）。创建

期间，新开工绿色建筑示范项目35个，总建筑面积338.9万 m²，其中二星级及以上绿色建筑标识项目占比75.3%。

图4-3-15 国联龙信办公楼（三星级绿色建筑标识项目）

3. 成效

盱眙县通过绿色建筑示范县创建，成功将绿色建筑、建筑节能与节约型城乡建设工作融入"强富美高"盱眙新实践，实现在江淮生态经济区建设中走在前、创特色、做示范，促进全县经济社会实现更有特色、更有质效、更可持续的发展。经测算，绿色建筑示范项目全部建成运营后，年节能量1.0万吨标准煤，节水量22.8万 t，折合碳减排量2.4万 t。

## 3.2 绿色建筑示范项目

### 3.2.1 常州文化广场项目9、10号楼

1. 概况

项目位于常州市新北区锦绣路37号，总用地面积17.7万 m²，9、10号楼总建筑面积4.9万 m²（图4-3-16）。项目以满足城市发展需求为目标，将图书馆、美术馆和其他文化产业功能融为一体，为常州市民创造了绝佳的公共空间。建筑综合体形如拱桥，巨大悬挑结构构成六栋文化场馆，建筑功能多元，视觉效果统一，还形成了独特的建筑自

遮阳系统，美观节能相得益彰。同时结合多项建筑节能技术的应用与实践，大大节约了资源，减少碳排放。项目获全国建筑业绿色施工示范工程、三星级绿色建筑设计标识。

图 4-3-16  项目鸟瞰

2. 特色亮点

（1）采用弧形悬挑结构，美观节能相得益彰

建筑采用弧线悬挑结构（"拱桥"），将结构体系设计创新与建筑节能、BIM 技术应用相结合，实现了设计与技术的统一（图 4-3-17）。"拱桥"结构形体流畅，形成了建筑自遮阳系统，结合内遮阳设施，实现了优良的节能效果（图 4-3-18）。通过自然采光措施，改善了室内光环境。采用 BIM 技术，实现了各专业协调设计，减少了管线碰撞，缩短了设计周期，并直接指导了施工。

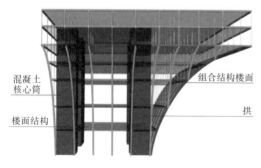

图 4-3-17  混凝土与钢结构混合结构体系

图 4-3-18  "拱桥"自遮阳效果

（2）使用冰蓄冷空调系统，降低建筑费效比

冰蓄冷空调系统使用能效比为 5.8 的变频离心冷水机组，系统整体能效高，且可利用谷电减少能耗费用，具有良好的经济效益（图 4-3-19）。空调末端采用风机盘管 + 全热回收新风系统，提高了建筑的节能性和舒适性。

图 4-3-19　冰蓄冷系统冷水机组

（3）建设智慧化光伏监管平台

项目采用"自发自用，余电上网"模式，设置总功率 40.0kWp 的太阳能光伏发电系统，同时设置光伏电站智能监控系统，可实时查看设备运行状况和运行数据（图 4-3-20、图 4-3-21）。

图 4-3-20　屋面光伏系统

图 4-3-21　光伏电站智能监控系统界面

3. 成效

项目选用冰蓄冷空调系统、太阳能光伏发电和雨水回用等技术，结合装配式和建筑信息模型设计，显著降低建筑能耗和水耗，减少碳排放量。收集的雨水，经处理后用于绿化灌溉、道路冲洗等，可改善城市水环境和生态环境。本项目结合多种绿色技术，营造出更加人性化、生态化的建筑综合体，结合文化广场全天对外开放的特点，为市民提供了环境优美、健康舒适、高效节能的绿色建筑和公共空间环境。项目投入使用后，年光伏发电量 4.6 万 kW·h，年雨水收集量 1.1 万 $m^3$。年节约能量 288.1 吨标准煤，折合碳减排量约 754.8t。

### 3.2.2　苏州吴中太湖新城核心区地下空间

1. 概况

项目位于苏州市吴中区太湖新城核心商务区，用地面积 13.8 万 $m^2$，总建筑面积 32.3 万 $m^2$，是全国首个地下空间三星级绿色建筑标识项目（图 4-3-22、图 4-3-23）。项目以"中心、网格、格调、流动、生态"为设计原则，结合轨道交通 4 号线支线苏州湾北站，设置下沉庭院和地面观景平台，将太湖沿岸的光、风、绿、水等要素引入地下空间，实现南北两侧公共地下空间的对接，成为吴中太湖新城的城市客厅。

图 4-3-22　项目鸟瞰图

图 4-3-23　项目南区鸟瞰

## 2. 特色亮点

### （1）因地制宜采用绿色建筑技术

项目结合地下空间特点，开展空气品质、结构体系、自然采光、智能照明、能源管理、可再生能源利用等多项技术的应用优化（图 4-3-24 ~ 图 4-3-26），通过合理设计，改善地下空间环境，并从源头上减少了运营过程中的能耗。

图 4-3-24　各层功能示意图

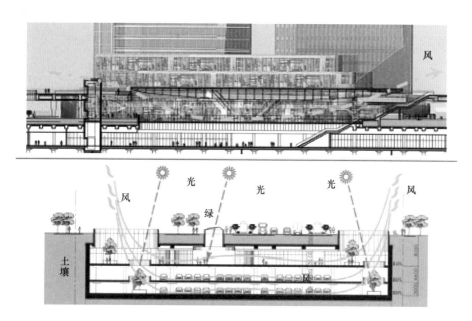

图 4-3-25　自然通风、自然采光设计示意图

图 4-3-26　地下空间自然采光

（2）全过程运用 BIM 技术

设计阶段应用 BIM 技术进行设计方案优化和辅助算量，对建筑能耗情况、采光通风效果进行模拟，完成 13 万 t 钢材、60 万 $m^3$ 混凝土、42 万 $m^2$ 模板量的算量统计；施工阶段应用 BIM 技术进行土方平衡测算、场地布置优化、临边防护结构施工模拟、施工工序及工艺模拟优化，极大地提高了施工效率；运营阶段，应用 BIM 技术对供水、供电、冷热供应、空气品质等进行监测管理，结合智能交通系统对车辆泊位、周边道路交通信息进行精确采集与发布共享，并实现与城市智慧管理平台应急联动，形成统一指挥、运转高效的应急联动保障体系（图 4-3-27）。

图 4-3-27 空调机房 BIM 模型及建成效果

### 3. 成效

项目通过地下空间连接各街区与轨道站点，使交通、商贸等各项城市公共服务功能立体化，采用下沉庭院和天窗、区域能源站、光伏发电、绿色照明、区域雨水收集等一系列被动及主动节能技术，实现了地下空间的集约综合开发，成为全国地下商业综合体的绿色标杆。项目投入使用后，年节能量为 1930.0 吨标准煤，年节水量 3.1 万 $m^3$，折合碳减排量 5018.0t。

## 3.2.3 海门市云起苑项目一期 3、4、5 号楼

### 1. 概况

项目位于江苏省南通市海门区通江中路 198 号，一期 3~5 号楼为高层住宅项目，用地面积 1.9 万 $m^2$，总建筑面积 7.6 万 $m^2$，绿地率 43%，总户数 451（图 4-3-28）。项目以"绿色环保、精致装修、高品质住宅"为理念，采用标准化、模块化和可持续化设计，通过优化建筑布局，开发地下空间，采用遮阳一体化外窗、地源热泵、节能照明设备、雨水花园等一系列绿色建筑技术，打造了高水平的绿色健康住区，获全国绿色建筑创新奖三等奖和三星级绿色建筑标识。

图 4-3-28 项目鸟瞰

2. 特色亮点

（1）提升围护热工性能

外墙采用复合发泡水泥板 + 水泥基复合保温砂浆保温材料，外窗选用 5 + 19Ar + 5 断桥铝合金中空玻璃，南向外加遮阳卷帘，整体围护结构热工性能提升比例超过 20%，最大程度减少建筑供暖供冷需求。

（2）运用可再生能源

采用地源热泵系统，共设置地埋孔 880 个，全部布置于地下室范围内。每户设置一台热泵机组用于供应住户空调和生活热水（图 4-3-29）。

图 4-3-29  户式热泵机组

（3）打造海绵型社区

采取低影响开发（LID）模式，屋顶和道路雨水经由道路旁植草浅沟、雨水花园和下沉式绿地等措施下渗过滤汇入景观河道，同时作为景观补水，形成"亲水、活水、净水"的建设新模式（图 4-3-30）。

3. 成效

项目在关注住宅综合品质的同时，集成节能外围护结构、地源热泵系统、全热交换器和绿色照明等绿色技术，建立了低运行成本、高效益、可推广的适宜夏热冬冷地区的超低能耗绿色建筑技术体系。项目正常使用后，年雨水收集量 9670.3m³，年节能量达 697.0 吨标准煤，折合碳减排量 1812.2t。

图 4-3-30　水体景观（海绵城市技术应用）

## 3.3　建筑节能示范项目

### 3.3.1　南京明基医院节能改造项目

1. 概况

项目位于南京市建邺区河西大街 71 号，总占地 40 万 $m^2$，总建筑面积为 2.6 万 $m^2$，是一家三级甲等综合性医院（图 4-3-31）。项目自 2018 年起采用合同能源管理模式对医院进行综合节能改造，包括综合设备节能和综合管理节能两大方面。通过对医院主要用能设备的改造替换，深入挖掘了项目节能潜力，提升了医院建筑能效水平；通过智能化系统的应用，增强了医院用能管理能力，保障了医院节能工作的可持续发展。

2. 特色亮点

（1）多措并举的暖通空调系统节能改造

根据医院暖通空调系统的使用情况，对其进行全方位改造，包括：对水冷式冷水机组 + 锅炉系统增设能效优化控制及供暖气候补偿控制系统，对风冷热泵系统增设雾化降温设备及水泵变流量控制系统，增设延期余热回收系统和空气源热泵热水系统（图 4-3-32、图 4-3-33）。通过暖通空调系统的全面改造，实现了设备能效的全面提升。

图 4-3-31　项目鸟瞰

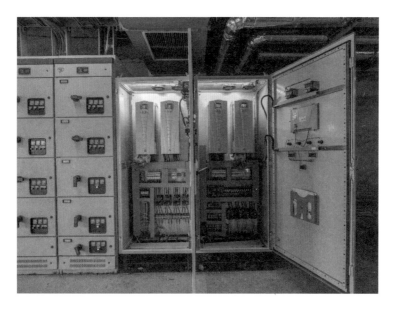

图 4-3-32　增设的供暖通风空调能效优化控制系统

（2）因地制宜的可再生能源利用

南京明基医院在建设时并没有考虑可再生能源的使用，在节能改造时发现其动力楼、医技楼、门诊楼、宿舍楼均有大面积的闲置屋面，且承重满足要求，适宜安装太阳能热水系统和太阳能光伏系统（图 4-3-34）。因此，根据明基医院的用能特点，安装了总装机量 1.2MWp 的太阳能光伏系统，采用即发即用的方式供应医院各用电系统；另

图 4-3-33　增设的空气源热泵热水系统

外安装集热面积 554.0m² 的集中式太阳能热水系统，为医院提供生活热水。通过利用可再生能源，降低了医院常规能源的消耗，减少了碳的排放。

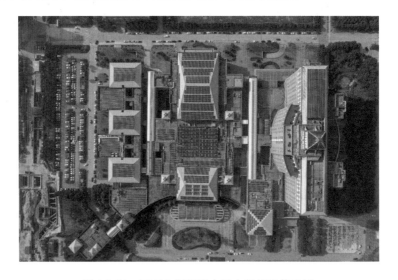

图 4-3-34　屋面太阳能热水和太阳能光伏系统

（3）高度智慧化的能源管理

通过智慧能源管理云平台全面采集医院各类设备的用电情况，定期开展建筑能耗数据比对和分析，及时发现问题，优化运行管理策略（图 4-3-35）。通过智能化技术手段，提升了项目用能管理水平，提高了医院各类用能设备的使用效率，实现建筑节能长效化（图 4-3-36）。

图 4-3-35 智能化控制院内灯光照明

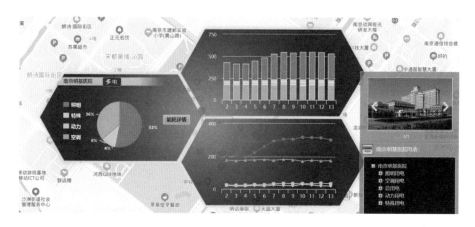

图 4-3-36 智慧能源管理云平台系统界面

3. 成效

项目通过节能改造，年节能量 1733.8 吨标准煤，折合碳减排量 4542.5t。此外，还提升了建筑舒适度、美观性以及室内空气品质，延长设备寿命，实现智能管理等效果。本项目的成功改造为同类型医院能效提升起到了引领示范的作用。

### 3.3.2 昆山市公民道德馆（康居房中心公园配套用房）改造工程

1. 概况

项目位于昆山市前进西路康居公园内，用地面积 1554m²，建筑面积 680m²（图 4-3-37、图 4-3-38）。原建筑建造于 2004 年，原功能为茶社，2018 年开始对项目进行绿色化改

图 4-3-37　项目鸟瞰图

图 4-3-38　项目正视图

造，综合运用各项绿色建筑技术，有效降低了建筑能源消耗并改善了室内外运行环境。改造后建筑功能为展示展览，成为昆山市道德文化参观展示、志愿服务活动及"红色之旅"党员活动实践教育基地。项目获得三星级绿色建筑标识，为江苏省公共建筑能效提升工作提供了一个良好的样板。

2. 特色亮点

（1）既有建筑绿色化改造

项目既融合绿色建筑理念对建筑进行加固改造，又保留了原有建筑小巧精致的江南风格（图 4-3-39）。通过对围护结构节能保温系统改造，建筑总体节能率达到 65% 标准。空调采用多联机系统，新风采用全热交换器，具有除霾、过滤 PM2.5 的空气净化功能。照明全部采用 LED 节能照明灯具。充分利用可再生能源，设置太阳能光伏发电及太阳能路灯。同时围绕建筑与周边环境的可持续发展，在布馆时，因地制宜地保留了原建筑中的含笑树，创造了紧凑别致的室内景观。

图 4-3-39　改造后的建筑外墙

（2）打造海绵城市公园

项目位于康居公园内，绿化环境优美，绿地率为 65%（图 4-3-40）。公园的改造贯彻海绵城市理念，通过管网优化、透水铺装、雨水利用等，结合原植草浅沟、雨水花园等设施，有效地解决了地块的积水问题，在公园形成雨水循环利用系统。

图 4-3-40　康居公园景观

（3）智慧建筑

改造引入了建筑智能化系统，通过设备控制、空气质量监测与实时展示等方式不断为"城市公园"的智慧运营赋能，运营后通过大屏展示环境监测数据，有效提升室内外环境品质（图4-3-41）。

图 4-3-41　智慧节能灯具

3. 成效

昆山市公民道德馆作为展馆类建筑，实施绿色建筑、智慧建筑、海绵城市建设，并将绿色技术和理念集中体现与展示，有利于绿色理念的宣传和推广。项目通过改造，建筑节能率达到 65%；投入使用后，年光伏发电量约 2300kW·h，占照明用电量的 9.7%；年径流总量控制率 70%、非传统水源利用率 71.8%；可再循环材料、可再利用材料用量比例为 14.25%。

### 3.3.3　淮安市建筑工程检测中心有限公司综合楼附楼

1. 概况

项目位于淮安市清江浦区枚乘西路 28 号，总用地面积 0.9 万 $m^2$，总建筑面积 1.1 万 $m^2$（图4-3-42）。项目结合超低能耗绿色建筑特点，充分考虑地区环境和资源条件等因素，采取"被动优先"，辅以必要主动节能措施的设计理念，将超低能耗建筑和绿色建筑技术进行深度融合应用，为员工提供健康舒适的工作环境，降低建筑运行能耗，建筑综合节能率达 86.2%。

图 4-3-42　项目鸟瞰图

2. 特色亮点

（1）多措并举降低建筑能耗

项目采用高性能保温隔热和高气密性的围护结构，最大程度地降低建筑供暖供冷负荷；充分利用可再生能源，设置 6 台高性能地源热泵机组（图 4-3-43），12 套全热回收新风系统，以更少的能源消耗提供健康舒适的室内环境。

图 4-3-43　地源热泵机组

（2）以人为本营造舒适环境

通过屋顶采光天窗设计，中庭充分利用室外光线进行采光，让园林景观渗透到建筑室内，塑造了充满阳光和生机的共享公共空间。屋顶花园为员工在上班疲劳的时候提供一个放松的空间（图4-3-44）。考虑到员工下班后的休息健身需求，附楼设置了健身房、乒乓球室、阅览室、茶水间，提升了员工对办公环境的满意度。

图4-3-44　中庭花园及屋面花园

（3）智能监测提高运营效率

通过对不同楼层或区域的照明、空调、插座、动力等用电进行分项计量监管，实现对建筑运行能耗的实时监测与动态分析、管理；开展室内温度、湿度、$CO_2$浓度等参数的实时监测，便于使用者对室内空气品质优劣的判断，并及时采取相应的应对措施（图4-3-45）。

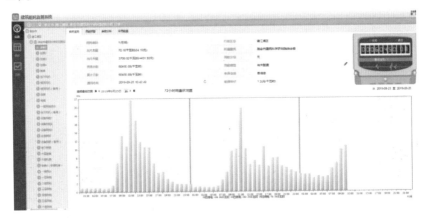

图4-3-45　建筑能耗分项计量监测系统界面

3. 成效

项目综合考虑气候资源环境、员工办公需求等因素，注重绿色建筑整体性能和本体性能的双提升，将超低能耗、被动式以及绿色建筑设计理念融合到项目建设，为超低能耗绿色建筑技术体系的完善积累了宝贵的经验。经测算，项目年节能量达388.0吨标准煤，折合碳减排量 1016.6t。

### 3.3.4 镇江新区新建检测基地项目

1. 概况

项目位于镇江新区北山路 216 号，用地面积 1.3 万 $m^2$，总建筑面积 0.9 万 $m^2$（图 4-3-46）。项目整体按照三星级绿色建筑设计建造，主体功能为检测业务用房和附属办公用房，项目东侧办公楼部分为超低能耗建筑，运用可持续设计方法对场地空间布局与建筑本体进行优化设计，最大限度地利用自然采光与通风等条件；通过加强围护结构保温性能、减少窗墙面积比、提高门窗气密性等被动式节能技术，并充分利用可再生能源技术和高效节能设备，使建筑能耗显著下降。

图 4-3-46　项目鸟瞰

2. 特色亮点

（1）采用高性能建筑围护结构

东区办公楼按照超低能耗建筑技术标准进行设计、施工（图 4-3-47），屋面采用

图 4-3-47　东区办公楼

300mm 挤塑聚苯板，外墙采用 150mm 膨胀聚苯板，传热系数分别达到 0.13W/（$m^2 \cdot K$）、0.25W/（$m^2 \cdot K$）；外窗采用塑料窗，传热系数 1.3W/（$m^2 \cdot K$）、气密性等级 8 级，通过保温隔热性能和气密性能更高的围护结构，降低供暖空调负荷。

（2）集成应用高效节能系统

项目集成应用了降膜式能源塔热泵、全热回收新风、太阳能光伏发电、太阳能热水、光导管照明等多项节能系统，进一步降低建筑运行能耗，建筑节能率达 70%，光伏发电量占比达 24.3%，非传统水源利用率达 23.7%（图 4-3-48、图 4-3-49）。

图 4-3-48 屋面太阳能光伏与光热设备

图 4-3-49 能源塔热泵机组

（3）综合运用智能智慧技术

通过建立建筑能耗监测系统，实现对建筑能耗数据的分项计量和实时采集，并对公共照明、空调等设备进行远程控制管理，降低建筑运行能耗（图 4-3-50）；建立空气质量监测系统，对环境监测实现数字化信息管理，提高运行管理效率的同时，有利于改善

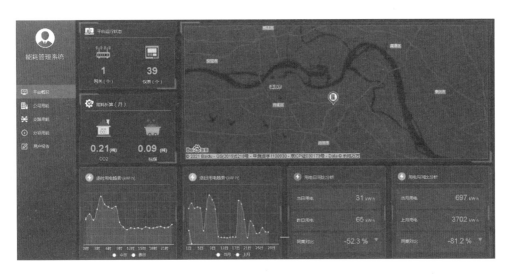

图 4-3-50　建筑能耗监测系统界面

室内空气品质。

3. 成效

项目采用"被动优先、主动优化、节能高效、舒适健康"的设计策略，耦合利用能源塔热泵、太阳能光伏、太阳能热水等多项可再生能源技术和智慧运营管理技术，实现绿色、健康、智能智慧、超低能耗等技术集成应用与创新。经测算，项目年单位面积能耗为 $35.6\mathrm{kW \cdot h/m^2}$，年节能量达 225.7 吨标准煤，折合碳减排量 591.3t。

# 第 5 篇 ｜ 地方实践

"十三五"期间,江苏各地深入贯彻中央和省委省政府的重大发展战略,奋发进取、攻坚克难,有效推动全省建筑节能、绿色建筑工作取得重要进展,圆满完成"十三五"规划目标任务。各地通过制定完善政策体系,探索构建了涵盖绿色建筑规划、设计、建造、运营、改造等全寿命环节的闭合监管机制,确保了绿色建筑相关理念和技术的落地实施,为推动全省城乡建设高质量绿色发展提供了强有力的支持。

# 第1章　南　京　市

"十三五"期间，南京市新增节能建筑面积9746万m²，其中绿色建筑面积8779万m²，新增二星级以上绿色建筑标识项目总面积3206万m²。累计完成可再生能源建筑应用面积3239万m²，其中太阳能光热系统建筑应用面积3043万m²，地源热泵系统建筑应用面积196万m²，新增光伏装机容量50MWp。

2019～2020年，南京市新增节能建筑面积4882.6万m²，新增二星级以上绿色建筑标识项目总面积1802万m²。累计完成可再生能源建筑应用面积1832.5万m²，其中太阳能光热系统建筑应用面积1784.0万m²，地源热泵系统建筑应用面积48.4万m²。累计完成既有建筑节能改造面积447.4万m²，其中公共建筑264.0万m²，居住建筑183.4万m²（图5-1-1）。

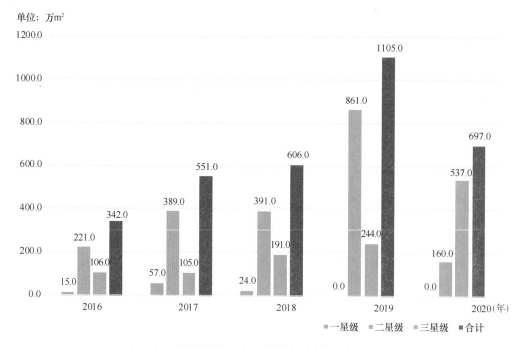

图5-1-1　2016～2020年度南京市绿色建筑标识项目

# 推　进　思　路

贯彻"创新、协调、绿色、开放、共享"发展理念，坚持以人为本、科学发展、改革创新。以转变城乡建设模式为根本，以"提升能效、降低能耗、绿色转型、机制创新"为核心，实现绿色建筑与建筑节能、绿色城区品质与生态效益的明显提升，绿色发展的制度与机制更加成熟，形成人与自然和谐发展的现代化建设新格局，推进南京现代化人文绿都建设。

# 主要措施与成效

（1）加强组织领导和部门联动

南京市纵向市区联动，专项工作成立以分管市长为组长，各部门为成员单位的领导小组，各区也成立相应的领导小组，共同推进。横向部门协同，土地、规划、图审、质监、销售等多环节联动，对绿色建筑实施全过程闭合管理。土地招拍挂前，自然资源部门就绿色建筑标准征求同级建设主管部门意见，并将绿色建筑星级要求写入公告及土地出让合同；规划方案审批时，规划部门就绿色设计方案征求同级建设主管部门意见；图纸审查时，审图机构实行严格的绿色设计审查制度，确保《江苏省绿色建筑设计标准》全面执行；施工阶段，质监部门将建筑节能分部验收作为工程验收前置条件，建筑节能分部验收通过后方可进行工程验收；销售阶段，房产部门对执行、公示绿色建筑标准情况进行监督管理。

（2）强化政策引导和试点工作

先后颁布了《南京市民用建筑节能条例》《南京市节能监察条例》等地方法规，出台了《南京市建筑节能示范项目管理办法》《南京市公共机构合同能源管理试点方案》等文件，形成较为完善的推进机制。同时出台了《关于发布〈南京市民用建筑设计方案绿色设计审查规则〉的通知》《关于加强民用建筑设计方案绿色设计审查有关事项的通知》等技术文件，和《关于全面推动南京市绿色建筑发展的实施意见》等管理文件，从制度上推进工作开展。各区结合实际制定推动本区绿色建筑工作实施方案，如：《河西·建邺打造绿色客厅三年行动计划（2019—2021）》、鼓楼《老旧小区整治五年行动计划2016—2020》《江宁区绿色建筑行动实施方案》等，确保绿色建筑工作执行落实。积极开展新一代高水平节能建筑试点以及多个城区绿色试点工作，如江北新区江苏美丽宜居城市专项项目试点、南部新城（核心区）低碳生态试点示范城区、河西新城省级绿色建筑和生态城区区域集成示范等。

（3）加强技术创新和支撑

针对人流密集的超大型公共建筑，开展既有建筑的绿色化改造。大力推动太阳能光热、浅层地能等可再生能源在建筑领域的高水平应用。针对太阳能光伏技术在民用建筑中应用较少的实际情况，推广一批高水平应用项目。针对超低能耗建筑、智能智慧建筑、未来建筑等前沿技术，积极摸索探路。开展绿色保障房建设研究、南京特色绿色居住建筑模式研究、全预制装配式住宅设计施工技术等一批绿色节能科技和产品项目的攻关，编制了《地源热泵系统运行管理维护技术规程》《南京市地源热泵辐射空调系统工程技术指南》等技术文件。

（4）提升公共建筑节能运行管理水平

为不断提升公共建筑节能运行管理水平，制订《关于加强全市公共建筑能耗统计、能源审计、能耗公示工作的通知》《南京市公共机构节能管理办法》。"南京市公共建筑能耗限额制定"课题顺利通过省厅验收，据此成果制定并发布了《南京市公共建筑合理用能指南》，对南京市公共建筑用能进行指导。建立机关办公建筑和大型公共建筑基本信息和能耗统计的长效管理机制。2020年采集并上传1152项建筑能耗统计数据。完成曙光国际大酒店等商场、办公、文化教育、医疗卫生、宾馆5大类41家重点用能建筑能源审计工作。

（5）利用财政资金做好示范引导

南京市财政设立每年1000万元的市级建筑节能示范项目专项资金，对各类示范项目进行引导和补助。为进一步推进公共建筑能效提升重点城市建设工作，制定《南京市公共建筑能效提升重点城市建设项目和资金管理办法》，总计安排不少于7200万元资金用于支持公共建筑能效提升项目，对能效提升项目给予每平方米30～45元的资金奖励。

# 第 2 章　无　锡　市

"十三五"期间，无锡市新增节能建筑 7150.9 万 $m^2$，节能量累计 82.7 万吨标准煤。完成绿色建筑评价标识项目 639 个，总建筑面积 5341.8 万 $m^2$，二星级及以上绿色建筑面积占比 86.9%（图 5-2-1）。城镇绿色建筑占新建建筑比例、高星级绿色建筑比例逐年提升。

2020 年，无锡市城镇绿色建筑占新建建筑比例 100%；新建节能建筑面积 1475.6 万 $m^2$；新建建筑太阳能光热应用 1052.2 万 $m^2$，浅层地能应用 53.9 万 $m^2$；既有居住建筑节能改造 49.4 万 $m^2$，结合老旧小区整治同步开展居住建筑改造 2.5 万 $m^2$，既有公共建筑节能改造 72.3 万 $m^2$；节能量 16.8 万吨标准煤；公共建筑中绿色建筑标识（运行标识）项目面积 90.8 万 $m^2$；居住建筑中绿色建筑标识（运行标识）项目面积 12.2 万 $m^2$。

单位：万 $m^2$

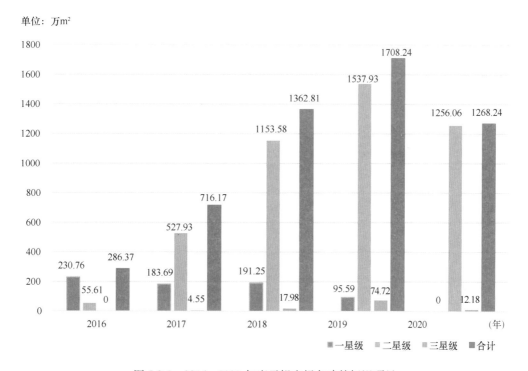

图 5-2-1　2016~2020 年度无锡市绿色建筑标识项目

# 推　进　思　路

以加强顶层设计为工作核心，建立完善的绿色建筑高质量发展监管体系。从绿色建筑建设全过程入手，加大绿色建筑设计、规划方案审查力度，严格执行绿色建筑各项标准，在各个环节落实绿色建筑相关要求。进一步提高各类建筑节能管理水平，加快推进既有建筑节能改造，提高新建建筑能源利用率。制定和完善政策保障体系，充分利用专项资金以及技术力量推进建筑节能与绿色建筑工作发展。从多方面、多角度协同推进绿色建筑高质量发展。

# 主要措施与成效

（1）建立长效监管机制推动高质量发展

无锡市深入贯彻落实《江苏省绿色建筑发展条例》《江苏省绿色建筑行动实施方案》，严格执行《关于进一步加强城市规划建设管理工作的实施意见》（锡委发〔2017〕49 号）、《关于建立健全主体功能区建设推进机制的意见》（锡政办发〔2017〕149 号）和《关于印发〈加强绿色建筑管理的实施意见〉的通知》（锡建规发〔2016〕2 号）要求，从 2017 年开始，新建民用建筑全部执行二星级及以上绿色建筑标准；在地块出让、项目审批、方案设计、规划许可、建筑设计、建筑施工、工程监理、质量监督、房屋销售、竣工验收等十大环节落实绿色建筑相关要求，形成了绿色建筑全过程闭合监管的长效管理机制。加强民用建筑设计方案绿色设计审查，在规划方案阶段，会同自然资源规划局对项目实施绿色建筑专项审查，对于未通过专项审查的项目，自然资源规划局不予颁发建设工程规划许可证。定期开展专项检查，强化绿色建筑相关要求。

（2）加强节能管理促进能效水平提升

一是既有建筑节能改造稳步推进。遵循"政府引导，市场推动；因地制宜，分类指导；突出重点，兼顾全面"的原则，在常规改造的思路上，进一步提升既有建筑的能源利用效率和运营管理水平，更大限度地发挥既有建筑的节能潜力，全面推进既有建筑节能改造规模化发展。二是深入推进可再生能源建筑应用。认真落实江苏省有关工程建设标准，大力推动太阳能光热、太阳能光伏、土壤源热泵、污水源热泵等可再生能源技术在建筑中的应用，加大建筑节能材料研发力度，注重推广应用新技术、新材料、新设备、新工艺，培育了建筑节能行业发展。三是有效推进建筑节能运行监管体系建设。每年安排专项资金 20 余万元，委托无锡市建筑工程质量检测中心运行维护，目前累计85 幢大型公共建筑的能耗数据上传至数据中心。无锡市住房和城乡建设局联合市机关事务管理局、市卫生健康委、市教育局、市文广旅游局、市商务局制定了《无锡市公共建筑合理用能指南》，进一步引导公共建筑合理用能，促进无锡市建筑节能高质量发展。对大型与机关办公建筑、中小型公共建筑与居住建筑的建筑能耗进行了全方位统计，提高各类建筑节能管理水平。

（3）利用专项资金引导建筑提质增效

积极利用省级专项资金与市级建筑节能专项资金，推动绿色建筑高质量发展。在对上争取工作方面，积极主动与上级部门沟通衔接，准确把握资金扶持方向，并对下做好宣传与组织申报工作。2016~2020 年，无锡市共 16 个项目获得省级专项资金支持，总额达 2035.7 万元，项目涵盖合同能源管理、科技支撑、超低能耗被动式建筑、高品质建筑等。为确保资金的针对性和有效性，无锡市住房和城乡建设局对上述项目密切追踪，严格考核，确保已争取到的资金按时保质拨付使用，提高资金使用效益。同时，无锡市政府每年安排 970 万元建筑节能专项引导资金，专项扶持建筑节能与绿色建筑工作。通过示范引领，打造了一批可复制、易推广、具有无锡特色的示范项目，带动了无锡市绿色建筑水平再上新台阶。

（4）全面开展宣传培训强化节能意识

一是与无锡市科技局联动，每年积极参与"全国科技活动暨无锡市科普宣传周"活动，开展"绿色建筑、建筑抗震科普宣传"主题科普宣传活动，很好地展示了近年来无锡市"绿色建筑与建筑节能"相关工作进展与工作成果；二是与无锡日报、无锡观察等媒体互动，发表"让城建发展成果惠及民生""绿色建筑引领美丽未来""绿色建筑多措并举助推城市品质提升"等文章，开展绿色建筑专版宣传；三是与机关事务管理局联动，在无锡市机关办公等公共建筑节能会议上宣传并推动公共建筑节能改造。通过广泛宣传和技术培训等，扩大市民对绿色建筑和建筑节能的认知度，引导工程建设、设计、施工等单位积极参与到绿色建筑的建设中来；四是向社会各界征集优秀建筑，经评鉴、整理后制作《无锡建筑》宣传册，以期记录无锡建筑的发展，放大优秀建筑的引领作用，推动建筑发展升级。

（5）强化创新驱动形成技术保障

在绿色建筑、既有建筑节能改造两个示范城市创建过程中，为了研究相关技术，更好地指导无锡地区绿色建筑与既有建筑节能改造推进工作，无锡市住房和城乡建设局与财政局联合确定了 19 个技术支撑项目，涉及绿色建筑适宜技术研究、低影响开发应用研究、运维策略研究、成本效益与经济效益研究，既有建筑节能改造技术与评价、节能量审核办法等内容，这些项目研究总结了示范城市创建过程的部分成果，有针对性地做了专项分析，为无锡市创建后指导绿色建筑与既有建筑节能改造推进工作，巩固示范城市创建成果提供了很好的技术保障。

# 第 3 章　徐　州　市

"十三五"期间，徐州以绿色建筑、建筑节能为主线，以机制创新和科技进步为动力，精细组织，科学谋划，示范带动，全面创新，各项工作都取得了明显成效。

徐州市全面贯彻《江苏省绿色建筑发展条例》，新增节能建筑面积 8018.0 万 $m^2$，其中绿色建筑面积 5767.3 万 $m^2$。新建民用建筑全面按绿色建筑标准设计建造，共有 329 个项目 4471.0 万 $m^2$ 获得绿色建筑标识，其中设计标识 282 项，面积 3933.0 万 $m^2$，运行标识 47 项，面积 538.0 万 $m^2$，运行标识比例 12%；二星级标识 304 项，面积 4243.5 万 $m^2$，三星级标识 13 项，面积 96.6 万 $m^2$，二星级以上标识面积占比达 97.1% （图 5-3-1）。累计完成可再生能源建筑应用面积 3173.3 万 $m^2$，其中太阳能光热系统建筑应用面积 2923.1 万 $m^2$，地源热泵系统建筑应用面积 250.2 万 $m^2$。累计完成既有建筑节能改造面积 317.2 万 $m^2$，其中公共建筑 175.1 万 $m^2$，居住建筑 142.1 万 $m^2$。

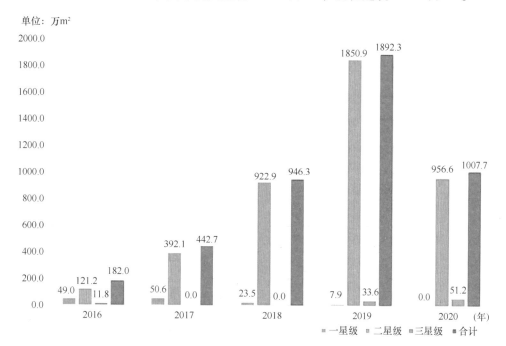

图 5-3-1　2016～2020 年度徐州市绿色建筑标识项目

# 推　进　思　路

坚持规划引领，徐州市积极探索构建覆盖城市建设各子系统的绿色生态专项规划体系。先后制定了绿色建筑、能源利用、水资源利用、绿色交通、固废资源化利用等16项绿色生态专项规划，建立全面的绿色生态指标体系，并报徐州市政府批准实施。结合徐州规划修编工作，徐州市将绿色建筑标准、装配式建筑指标、海绵城市指标等主要绿色生态指标纳入地块控制图则，有效地发挥了规划的引领作用。

# 主要措施与成效

（1）加强组织领导与部门联动

成立以徐州市分管市长为组长，各部门为成员单位的领导小组，各区也成立相应的领导小组，共同推进。横向部门协同，土地、规划、图审、质监、销售等多环节联动，对绿色建筑实施全过程闭合管理。土地招拍挂前，徐州市自然资源部门就绿色建筑标准征求同级建设主管部门意见，并将绿色建筑星级要求写入公告及土地出让合同；规划方案审批时，规划部门就绿色设计方案征求同级建设主管部门意见；图纸审查时，审图机构实行严格的绿色设计审查制度，确保《江苏省绿色建筑设计标准》全面执行；施工阶段，质监部门将建筑节能分部验收作为工程验收前置条件，建筑节能分部验收通过后方可进行工程验收；销售阶段，房产部门对执行、公示绿色建筑标准情况进行监督管理。

（2）强化政策引导，建立长效管理机制

徐州市先后出台《徐州市绿色建筑行动实施方案》《徐州市绿色建筑创建管理办法》等20余项政策文件，建立了长效管理机制，全面推进了徐州市绿色建筑高质量发展。形成了一套因地制宜、行之有效的绿色建筑全过程监管体系，对绿色建筑规模化、规范化发展起到了积极的推动作用。

（3）利用省财政专项资金示范引导

"十三五"期间，徐州市申报了江苏省绿色建筑示范城市并成功获批，获得省财政专项引导资金5000万元，市财政1:1配套。示范范围为徐州市中心城区，面积约573km$^2$，人口约288万人，包括云龙、泉山、鼓楼、铜山和贾汪5个区。徐州市以"打造和谐宜居、富有活力、独具特色的现代化区域中心城市，让人民生活更美好"为总体目标，坚持"以点带面、有序推进、打造精品"的原则，开展省级绿色建筑示范城市的创建，并取得了显著成效。

（4）发展科技支撑项目，创建示范城市

为加强能力建设，徐州市组织开展了 13 项绿色生态科技支撑项目研究，已完成 9 项课题成果鉴定。其中《低能耗装配式钢结构住宅技术体系研究》《基于日照风环境噪声环境综合优化的绿色住区建筑布局设计研究》《基于 BIM 技术的绿色建筑项目管理研究》和《徐州地区浅层地热源赋存与利用技术研究》等 4 项科技支撑项目研究成果达到了国内先进和领先水平。

（5）开展住房和城乡建设部绿色城市创建工作

徐州市积极开展住房和城乡建设部绿色城市创建工作。绿色城市示范是以江苏省绿色建筑示范城市创建工作为基础，以省级建筑节能专项引导资金和地方财政配套资金为依托，由住房和城乡建设部组织开展的一项重点工作。2019 年 7 月，江苏省住房和城乡建设厅推荐徐州市开展了申报工作，同年 12 月徐州市获批住房和城乡建设部绿色城市示范，是全国 12 个试点城市之一，也是江苏省唯一获批的地级市。

# 第4章 常 州 市

"十三五"期间，常州市新增节能建筑面积 5261 万 $m^2$，其中绿色建筑面积 4452.3 万 $m^2$，新增二星级以上绿色建筑标识项目 172 个，总面积 1412.81 万 $m^2$（图 5-4-1）。累计完成可再生能源建筑应用面积 2184 万 $m^2$，其中太阳能光热系统建筑应用面积 2043 万 $m^2$，地源热泵系统建筑应用面积 128.3 万 $m^2$，新增光伏装机容量 36MWp。累计完成既有建筑节能改造面积 274.23 万 $m^2$，其中公共建筑 192.4 万 $m^2$，居住建筑 81.83 万 $m^2$。

2019～2020 年，常州市新增节能建筑面积 2324 万 $m^2$，其中绿色建筑面积 2217.4 万 $m^2$，新增二星级以上绿色建筑标识项目 114 个，总面积 1049.0 万 $m^2$。累计完成可再生能源建筑应用面积 881.8 万 $m^2$，其中太阳能光热系统建筑应用面积 836.0 万 $m^2$，地源热泵系统建筑应用面积 34.2 万 $m^2$，新增光伏装机容量 13.1MWp。累计完成既有建筑节能改造面积 94.9 万 $m^2$，其中公共建筑 64.5 万 $m^2$，居住建筑 30.4 万 $m^2$。

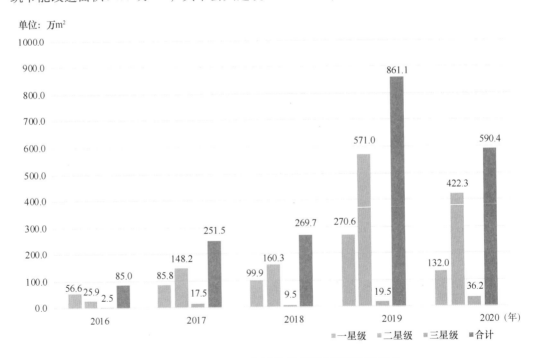

图 5-4-1　2016～2020 年度常州市绿色建筑标识项目

# 推 进 思 路

贯彻"创新、协调、绿色、开放、共享"发展理念，坚持以人为本、科学发展、改革创新。以转变城乡建设模式为根本，以"提升能效、降低能耗、绿色转型、机制创新"为核心，实现绿色建筑与建筑节能、绿色城区品质与生态效益的明显提升，绿色发展的制度与机制更加成熟，形成人与自然和谐发展的现代化建设新格局。

# 主要措施与成效

（1）强化组织领导和工作机制

以政府名义下发了《常州市绿色建筑行动实施方案》，明确了绿色建筑的主要目标、重点任务及相关保障措施。武进区政府也发布了《关于全面推进我区绿色建筑发展的实施意见》，成为《江苏省绿色建筑发展条例》发布实施后江苏省首个出台实施意见的县（市、区）。加强新建建筑节能监管力度。经过几年的实践，常州市以实现建筑节能全过程监管为目标，已经建立起了覆盖规划、设计、施工图审查、施工、监理、竣工验收备案、房屋销售等各个环节的闭合管理体系，六个专项监管要求，即专项设计、施工图审查、专项施工方案、专项监理、专项质量监督、专项验收，在管理中都得到了有效执行，建筑节能监管已成常态工作。

（2）推进示范引领工作点带面

常州市积极组织省级绿色建筑发展专项资金申报，"十三五"期间，共有 26 个项目成功立项，共计获得补助资金 7960 万元。特别是 2019 年江苏省首批绿色宜居城区的入选，将对绿色建筑高质量发展起到较好的示范引领作用。开展了能源、水资源、绿色交通、绿色照明等专项规划编制；开展绿色宜居城区指标体系研究、建设导则等相关课题研究；组织 11 个示范类型 38 个项目申报立项。下一步，将进一步完善区域绿色基础设施，探索研究绿色可感知技术、健康建筑等各类指标，打造高标准、高质量的绿色宜居城区。

（3）推动审查机制创新发展

常州市不断推动审查机制创新发展。武进区在全省率先出台政策，以绿色建筑监管为抓手，通过技术融合互补，首创"绿色建筑、装配式建筑、海绵城市"三合一联合审查模式，实现了绿色建筑、建筑产业现代化、海绵城市建设、政府监管全面覆盖，确保相关建设标准落到实处。

（4）开展绿色建筑宣传培训

借助《常州日报》《常州晚报》平台，对常州市"全省首批绿色宜居城区创建""为绿建梦加码，为新高地提速""以绿为底、以绿为梦"等绿色建筑工作进行专版宣传。同时结合常州市节能宣传周，精心策划各类主题活动，普及绿色建筑知识，提高大众对绿色建筑的认知度。定期组织专业技术人员开展绿色建筑、装配式建筑、BIM技术、海绵城市等专题学习，提高广大技术人员的专业素质。通过各类宣传培训，更全面地普及绿色建筑发展政策，更好地推动绿色建筑工作。

（5）科技创新助力绿色建筑示范城市创建

打造"1+3"智慧城市综合管理平台，集城市信息（CIM）平台、绿色建筑运营监测平台、能源智慧管理平台、公众感知体验平台于一体。通过平台建设，实现区域内绿色、生态、低碳指标的可感知、可反馈、可展示，提升城市运营管理效率。并借助APP、微信等让市民方便地感知包括节能节水、热舒适度、雨水利用、空气质量、水质、健康建筑等多类指标，加强公众参与和交互，真正实现绿色建筑向"绿色建筑＋"转型。

# 第 5 章 苏 州 市

"十三五"期间，苏州市新增节能建筑面积 17895.9 万 $m^2$，其中绿色建筑面积 10187.55 万 $m^2$，新增二星级以上绿色建筑标识项目 835 个，总面积 7915.3 万 $m^2$（图 5-5-1）。累计完成可再生能源建筑应用面积 8666.6 万 $m^2$，其中太阳能光热系统建筑应用面积 8027.5 万 $m^2$，浅层地能建筑 239.1 万 $m^2$。累计完成既有建筑节能改造面积 558.1 万 $m^2$，其中公共建筑 369.9 万 $m^2$，居住建筑 188.2 万 $m^2$。

2019～2020 年，苏州市新增节能建筑面积 6635.9 万 $m^2$，其中绿色建筑面积 5238.0 万 $m^2$，新增二星级以上绿色建筑标识项目 503 个，总面积 4462.8 万 $m^2$。累计完成可再生能源建筑应用面积 3903.6 万 $m^2$，其中太阳能光热系统建筑面积 3845.18 万 $m^2$，浅层地热建筑应用面积 58.5 万 $m^2$。累计完成既有建筑节能改造面积 238.2 万 $m^2$，其中公共建筑 137.6 万 $m^2$，居住建筑 100.6 万 $m^2$。

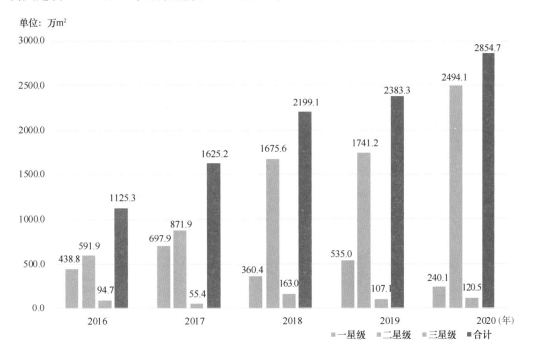

图 5-5-1　2016～2020 年度苏州市绿色建筑标识项目

# 推　进　思　路

贯彻"创新、协调、绿色、开放、共享"发展理念，坚持以人为本、科学发展、改革创新。以转变城乡建设模式为根本，按照"政府引导、严把底线、争先发展、鼓励创新、公众参与"的思路开展顶层设计，实现绿色建筑与建筑节能、绿色城区品质与生态效益的明显提升，助推绿色发展的制度与机制更加成熟，形成人与自然和谐发展的现代化建设新格局。健全绿色建筑工作机制，完善绿色建筑监管体系，发挥政策的引导作用，扎实有效地开展绿色建筑各项工作。严格执行《江苏省绿色建筑设计标准》，按照"就高不就低"的原则落实《江苏省绿色建筑发展条例》和《苏州市绿色建筑工作实施方案》中的相关绿色建筑具体要求。保持苏州绿色民用建筑在江苏省的领先地位，逐步推进绿色工业建筑的设计、施工和运行管理。鼓励开发和推广节能环保型新技术，加快培育和扶持建筑产业的技术服务咨询类企业，逐步形成促进绿色建筑产业链良性发展的长效机制。苏州市承办第十六届国家绿色建筑大会，举办了"美丽宜居城市建设的苏州实践"专题研讨会。积极组织绿色建筑培训，广泛宣传绿色建筑，以政府机关、公共服务机构和高等学校为重点宣传培训对象，提高全社会节能意识。

# 主要措施与成效

（1）以组织为保障加强绿色建筑绩效考核

苏州市政府成立了市级建筑节能工作领导小组，组长由分管副市长担任，成员单位包括了市发展改革委、财政局、工信局、资规局、住房和城乡建设局等市级主要部门。各级建设主管部门成立专职管理机构或指定专门机构负责具体工作，落实国家、省、市的建筑节能和绿色建筑的各项政策措施、技术标准，指导和推进建筑节能产品、工艺及技术的推广应用。每年将建筑节能和绿色建筑的各项任务进行分解，明确各地、各部门责任，并将目标责任完成情况与当地节能减排工作挂钩，形成一级抓一级、层层抓落实的工作机制。

（2）以规划为引领推动绿色建筑科学发展

苏州市印发了《苏州市"十三五"绿色建筑发展规划》，明确了"十三五"绿色建筑工作目标要求、重点任务、保障措施等内容。制定了《苏州市绿色建筑工作实施方案》，提出了苏州市绿色建筑发展的指导思想和主要目标，明确了具体任务及时间表。形成有效的绿色建筑工作制度体系，建立较为完善的建筑能效测评与能耗统计体系以及绿色建筑的全寿命周期动态监管体系，落实绿色建筑能源审计长效工作机制。

（3）以规范为准绳确保节能建筑保质达标

2015 年以来，国家和江苏省相继出台了一系列民用建筑节能设计、施工验收的标准和规范。在苏州市建筑节能工作开展过程中，把这些标准、规范作为推进建筑节能工作时必须坚守的底线和落实建筑节能各项要求的基准点和出发点，在工程建设的各环节形成了有效闭合的建筑节能管理体系。各相关部门严格执行民用建筑设计方案绿色设计审查、施工图审查制度，强化对节能工程施工环节的监管，严把工程竣工验收监督关。苏州市定期组织开展绿色建筑（建筑节能）专项检查，落实保障建筑节能、绿色建筑要求的专项设计、专项审图、专项施工、专项监理、专项监督、专项验收制度，强化绿色建筑从立项、规划、设计、审图、建设到验收的全过程闭合监管制度。

（4）以奖补为激励推动绿色建筑全面发展

苏州市修订发布了《苏州市建筑节能项目及引导资金管理办法》，苏州各市、区也都设立了建筑节能或绿色建筑专项引导资金。"十三五"期间，共下达市级建筑节能引导资金 1136.8 万元，奖补项目 57 项；获得省级专项资金 8180 万元，奖补项目 23 项。通过发挥财政资金"四两拨千斤"的作用，在全社会营造了建设高品质绿色建筑的良好氛围。

（5）以创优为引导激发绿色建筑争创精品

2015 年以来，苏州市绿色建筑由点到面，规模不断扩大，数量居全省第一。随着绿色低碳理念的逐步深入，绿色建筑质量也稳步提升，苏州市积极组织申报国家、江苏省绿色建筑奖项，在全市范围内不断增强绿色建筑争先创优意识。截至 2020 年底，已有 54 个优质绿色建筑项目荣获全国、江苏省绿色建筑创新奖，其中"中衡设计集团新研发设计大楼"获国家绿色建筑创新奖一等奖，"中国常熟世联书院（培训）项目（一期）"获江苏省绿色建筑创新奖一等奖，充分彰显了苏州市绿色建筑的发展水平。在示范项目的带动下，苏州市绿色建筑量质齐升，迈入了规模化、高质量的快速发展轨道。苏州市大力推进绿色建筑示范区建设，绿色建筑示范区数量全省第一。

（6）以科研为基石促进绿色建筑提质增效

加大科研技术创新在建筑节能和绿色建筑服务中的应用。充分发挥苏州市科研机构、高校、大中型企业研发力量，大力研究、开发和推广符合国家产业导向和市场需求的建筑节能和绿色建筑新技术、新产品，不断提高自主创新能力。苏州市落实研究经费用于组织开展绿色建筑新技术研究和新产品开发，鼓励企业和科研机构研发新型节能技术，大力推广建设领域节能新科技。"十三五"期间，共开展苏州市建设系统科研项目128 项，下达资金 939 万元。

# 第6章　南　通　市

　　南通市紧紧围绕目标任务，不断强化工作举措，开拓创新推进机制，在专项资金辅助、行政监管联审、专项审查推进、试点工程引领、建设科研技术推广、多方位宣传等方面取得了一定成效。

　　"十三五"期间，南通市新增节能建筑8228万$m^2$，其中绿色建筑6802万$m^2$，全市累计获得绿色建筑标识项目292项，总建筑面积3402万$m^2$（图5-6-1）。累计完成可再生能源建筑应用面积3314万$m^2$，其中太阳能光热系统建筑应用面积3170万$m^2$，地源热泵系统建筑应用面积144万$m^2$，新增光伏装机容量9.51MWp。累计完成既有建筑节能改造面积288万$m^2$，其中公共建筑196万$m^2$，居住建筑92万$m^2$。

　　2019～2020年，南通市新增节能建筑面积3718万$m^2$，其中绿色建筑面积3682万$m^2$，共获得绿色建筑标识项目198项，总建筑面积2483万$m^2$。累计完成可再生能源建筑应用面积1499万$m^2$，其中太阳能光热系统建筑应用1454万$m^2$，地源热泵系统建筑应用面积45万$m^2$，新增光伏装机容量1.5MWp。累计完成既有建筑节能改造面积138万$m^2$，其中公共建筑98万$m^2$，居住建筑40万$m^2$。

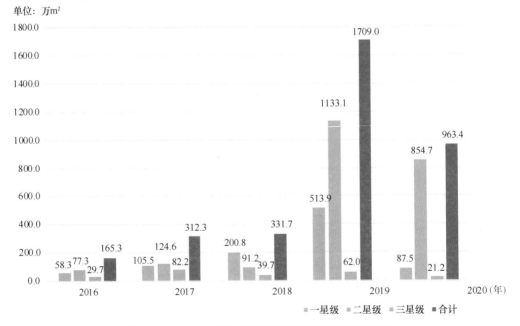

图5-6-1　2016～2020年度南通市绿色建筑标识项目

# 推　进　思　路

南通市政府高度重视绿色建筑高质量发展。为贯彻实施《江苏省绿色建筑发展条例》，召开专题研究会议，并在发展规划、推进步骤、实施梯次、政策引导和氛围营造等方面确定了明确的工作要求。以多部门协作为绿色建筑发展的组织保障，由市政府牵头，南通市各相关部门通过深入研究，形成市级层面的新建绿色建筑审批、管理流程图，形成部门合力大力推进南通市绿色建筑的建设。

# 主要措施与成效

（1）强化组织领导和工作机制

南通市政府一直关注建筑节能与绿色建筑的推进工作，自《江苏省绿色建筑发展条例》出台后，每年召集相关部门召开联席工作会议，并以"会议纪要"形式，在市级行政审批监管层面，要求各相关部门敢于担当，各负其责，通力合作，把好审批监管关，从而促进了绿色建筑持续健康发展。南通市政府办公室在下发《关于印发南通市"两减六治三提升"专项行动实施方案的通知》（通政办发〔2017〕55号）文件时，其主要工作任务中对全面推进南通市绿色建筑发展提出了明确要求。南通市新建保障性住房、建筑节能与绿色建筑示范区中的新建项目、各类政府投资的公益性建筑以及大型公共建筑四类新建项目，率先按二星级以上绿色建筑标准设计建造。

（2）开展绿色建筑宣传培训

通过专题宣传、节能宣传周、科技宣传周等多种方式宣传《江苏省绿色建筑发展条例》《江苏省绿色建筑设计标准》等。目前，南通市所有新立项的民用建筑项目都严格按照绿色建筑星级标准进行规划、设计、建造，被动式超低能耗建筑也在建筑业转型升级的产业化进程中得到研发和试点。

（3）建立切实有效的经济激励机制

充分发挥建筑节能专项资金的引导作用，自2011年开始，南通市级财政连续多年以设立1000万元补助资金来鼓励和推进建筑节能与绿色建筑工作，使市级范围内的高节能标准高星级标识项目、建筑能耗分类分项计量、可再生能源建筑应用、合同能源管理、既有建筑节能改造、节能技术研发等项目、课题获得补贴资助，示范性成效十分显著。

（4）推动绿色建材创新和应用

南通市长期以来十分重视墙体材料革新和绿色建材的研发推广。利用长江淤泥烧结成保温节能砖，并形成外围护墙体自保温技术体系的成果，获得国家首届绿色建筑创新奖，自保温的理念也由此走向了全国。

（5）提升高星级绿色建筑比例

对正在建设的南通创新区内，凡新建项目均按二星以上绿色建筑要求进行规划、设计和建造，并加强绿色建筑的运营管理，确保各项绿色建筑技术措施发挥实际效果。放大绿色建筑示范区辐射效应，引导高星级绿色建筑集成集聚，推动"绿色建筑＋"重点内容融合。新建不久的南通市政务中心停车楼，装配率达到80％以上，节能水平也达到了80％，并获得绿色建筑三星级标识。

# 第7章 连 云 港 市

"十三五"期间，连云港市新建绿色建筑面积 4143.17 万 m²，新建成节能建筑面积 3313.2 万 m²；累计获得绿色建筑标识 81 项、共 921.5 万 m²，其中，二星级以上标识项目 64 项、661.1 万 m²，二星级以上占比 72%，获得运行标识 46.5 万 m²；累计完成可再生能源建筑应用面积 1688.2 万 m²，其中太阳能光热面积 1648.0 万 m²，浅层地能 40.2 万 m²，新增光伏装机容量 10MWp；既有建筑节能改造 101.7 万 m²，其中居住建筑 55.4 万 m²，公共建筑 46.4 万 m²（图 5-7-1）。

2019～2020 年，连云港市新建建筑节能面积 1509.6 万 m²，其中居住建筑面积 1245.9 万 m²，公共建筑 263.7 万 m²；绿色建筑品质逐步提升，新建建筑中绿色建筑的比例从 88.2%（2019 年）提升至 96.2%（2020 年）；累计完成可再生能源建筑应用面积 953.4 万 m²，其中太阳能光热面积 937.5 万 m²，浅层地能面积 16.0 万 m²；既有建筑节能改造 59.3 万 m²，累计节能量 15.6 万 t 煤。

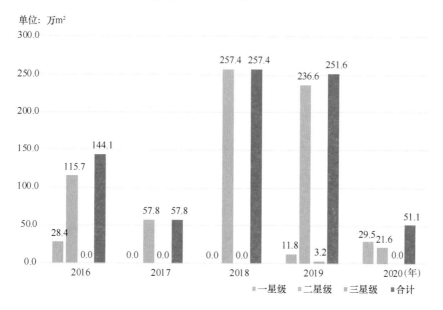

图 5-7-1　2016～2020 年度连云港市绿色建筑标识项目

# 推 进 思 路

"十三五"期间,连云港市认真贯彻落实《江苏省绿色建筑发展条例》,严格执行《江苏省绿色建筑设计标准》,牢固树立"创新、绿色、协调、开放、共享"的城市发展理念,积极推动绿色建筑发展,全面提升绿色建筑发展质量、稳步提高建筑能效水平。"因地制宜、创新求是,重点突出、全面推进,政府引导、市场主导",完善制度法规,创新工作机制,强化监督管理,健全管理体系,以推进绿色建筑为工作主线,以推动全市示范区协同发展为工作重点,力推全市公共建筑能耗统计工作。绿色建筑实现跨越式发展,城镇新建建筑节能效率进一步提高,公共建筑节能监管体系建设持续推进,可再生能源应用规模继续扩大。

# 主要措施与成效

(1) 强化组织领导推动绿色建筑发展

2015 年以来,连云港市先后制定推动绿色建筑发展的相关文件,对全市新建民用建筑严格按照一星级以上绿色建筑标准设计建造,5 万 m² 以上的保障性住房、10 万 m² 以上的公共建筑、2 万 m² 以上的公共建筑按照二星级以上绿色建筑标准设计建造。对使用国有资金的公共建筑项目按照高品质绿色建筑标准设计建造。目前,连云港市市区(包括赣榆区)在土地出让和方案阶段明确绿色建筑星级要求,将绿色建筑规划建设要求作为建设用地规划条件的重要考评依据。

(2) 科学分解任务,强化闭合管理

为确保连云港能够顺利完成"十三五"期间的各项绿色建筑目标任务,市住房和城乡建设局连续五年将绿色建筑全年考核工作目标任务发文分解至各县区,并将考核任务的完成情况纳入各县区目标任务绩效考评之中,有效调动各县区绿色建筑工作的积极性和主动性。在建设过程中,连云港市对新建建筑实施全过程闭合式管理,确保全市新建建筑按照绿色建筑标准设计建造。其中,初步设计阶段建立绿色建筑设计审查制度,施工图阶段建立建筑节能专项审查制度,建设管理阶段建立建筑节能信息公示制度,验收阶段实施建筑节能分部分项验收制度以及市住房和城乡建设局牵头随机现场考核。对设计、施工中不符合绿建标准的行为,不予颁发施工图审查合格证或不予竣工验收。

（3）加强宣传，提高企业积极性和大众认知度

通过不同平台和渠道，加大绿色建筑宣传力度，加强对从业人员培训，普及绿色建筑和建筑节能知识。连云港市住房和城乡建设局联合市机关事务管理局、市工信局多次结合节能宣传周、科普宣传周，通过广场展板、发放报纸传单、投放新闻等形式普及绿色建筑和建筑节能的公众认识；另外，市住房和城乡建设局多次组织全市房地产开发、设计、施工、监理多个单位相关从业人员进行培训，并由协会组织相关单位到外市学习先进经验。

（4）加强绿色建筑技术支撑和能源利用

为推动连云港市绿色建筑施工图审查、能耗分项计量、能效测评及雨水回收等相关工作进行部署安排，市住房和城乡建设局下发了《关于进一步推动我市绿色建筑发展工作的通知》《关于加强我市机关办公建筑和大型公共建筑能耗监测工作的通知》。连云港市积极推动可再生能源在建筑中的应用，同时积极推动国家机关办公建筑和大型公共建筑能源统计、能耗分项计量建设和能源信息公示。

（5）积极推动绿色建筑示范区建设

在徐圩新区、市开发区创智街区已建成省级绿色建筑示范区的基础上，推动连云新城商务中心区、海州区省级绿色建筑示范区创建验收工作，确保连云港市区绿色建筑示范区全覆盖，逐步打造全市域绿色发展。

# 第8章　淮　安　市

"十三五"期间，淮安市新增节能建筑面积 3851.6 万 $m^2$，新增二星级以上绿色建筑标识项目 153 个，总面积 1936.6 万 $m^2$。累计完成可再生能源建筑应用面积 1875.3 万 $m^2$，其中太阳能光热系统建筑应用面积 1783.6 万 $m^2$，地源热泵系统建筑应用面积 88.9 万 $m^2$。累计完成既有建筑节能改造面积 122.9 万 $m^2$，其中公共建筑 48.5 万 $m^2$，居住建筑 74.4 万 $m^2$（图 5-8-1）。

2019～2020 年，淮安市新增节能建筑面积 1675.6 万 $m^2$，其中绿色建筑面积 1466.5 万 $m^2$，新增二星级以上绿色建筑标识项目 117 个，总面积 1458.4 万 $m^2$。累计完成可再生能源建筑应用面积 901.3 万 $m^2$，其中太阳能光热系统建筑应用面积 894.6 万 $m^2$，地源热泵系统建筑应用面积 3.9 万 $m^2$。累计完成既有建筑节能改造面积 59.9 万 $m^2$，其中公共建筑 24.5 万 $m^2$，居住建筑 35.4 万 $m^2$。

单位：万$m^2$

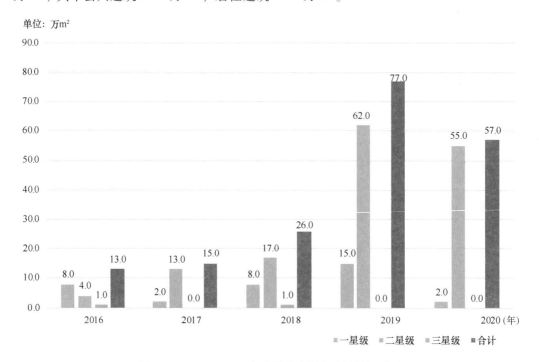

图 5-8-1　2016～2020 年度淮安市绿色建筑标识项目

# 推　进　思　路

　　淮安市贯彻绿色、循环、低碳理念，深入推动资源节约型、环境友好型城市建设，深化低碳城市、生态文明城市、可再生能源建筑应用城市建设。"十三五"期间，淮安市全面推进绿色建筑建设和绿色建筑技术发展，从制度建设、目标管理、行业监管、示范引领、能源考核等方面推进绿色建筑发展。

# 主要措施与成效

　　（1）重点推进二星级以上绿色建筑建设

　　从 2014 年起，淮安市新建民用建筑必须按照绿色建筑一星级或更高标准进行设计建造。为进一步加强淮安市绿色建筑行政管理，自 2016 年 10 月 1 日起，凡使用国有资金投资或者国家融资的保障性住房和超过 $5000m^2$ 的公共建筑、社会投资建设超过 1 万 $m^2$ 的公共建筑以及超过 10 万 $m^2$ 的住宅小区，在编制绿色设计文件时应明确达到绿色建筑二星级及以上标准。自 2016 年起，在淮安市凡获得国家级、省级绿色建筑区域示范的县、区中（如生态新城、盱眙县等），按二星级及以上绿色建筑标准进行设计的新建民用建筑项目比例应达到 50% 以上。通过以上措施，二星级及以上绿色建筑发展大幅度提升。

　　（2）建立绿色建筑闭合管理机制

　　建立从设计、图审、施工到竣工验收的绿色建筑闭合管理机制，针对设计审查、施工过程监管、竣工验收等环节进行严格把关，确保城镇新建民用建筑全面按照绿色建筑星级标准设计到位、施工到位、验收到位。推动绿色建筑量和质同步发展，出台了《关于加强全市绿色建筑管理工作的通知》（淮住建发〔2018〕19 号），对绿色建筑的绿色设计审查、施工图审查、竣工验收等管理环节提出明确要求。从设计、图审到竣工验收的绿色建筑闭合管理机制，推动了绿色建筑高水平发展，为全市高质量发展做出应有贡献。

　　（3）推动可再生能源建筑一体化应用与规模化发电

　　淮安市盱眙县为大力推动可再生能源建筑一体化应用与规模化发电，制定了以《盱眙县绿色建筑全过程管理办法》《关于进一步加强我县公共建筑能耗监测与民用建能效测评工作的通知》为代表的完善可行的可再生能源产业规划和扶持政策文件，示范项目 100% 应用可再生能源，大力引进风力、光伏、生物质、垃圾焚烧等发电项目。盱眙县可再生能源发电总量达 30.5 亿 kW·h，占总用电比例的 35.3%。

（4）推广绿色农房，建设美丽乡村

盱眙县多管齐下建设美丽乡村，推广绿色农房，通过村庄环境整治与长效管护，创建三星级康居乡村 5 个，市级五星级乡镇 5 个、市级环境长效管护示范乡镇 9 个、美丽乡村试点项目 7 个，参与制定并全面落实《淮安市农民集中居住规划建设管理导则（试行）》要求，实现绿色农房一星级绿色建筑全覆盖。

# 第 9 章　盐　城　市

"十三五"期间，盐城市新增节能建筑面积 4682 万 m²，其中绿色建筑面积 4393 万 m²，绿色建筑占新建建筑比例从 80% 提高至 100%；新增二星级以上绿色建筑标识项目 204 个，总面积 2454.2 万 m²（图 5-9-1）。累计完成可再生能源建筑应用面积 2232 万 m²，其中太阳能光热系统建筑应用面积 2177.3 万 m²，地源热泵系统建筑应用面积 54.7 万 m²。累计完成既有建筑节能改造面积 292 万 m²，其中公共建筑 138.8 万 m²，居住建筑 153.2 万 m²。

2019～2020 年，全市新增节能建筑面积 2135.3 万 m²，其中绿色建筑面积 2130.9 万 m²，新增二星级以上绿色建筑标识项目 97 个，总面积 1250.0 万 m²。累计完成可再生能源建筑应用面积 962.7 万 m²，其中太阳能光热系统建筑应用面积 928.7 万 m²，地源热泵系统建筑应用面积 34.0 万 m²。累计完成既有建筑节能改造面积 187.3 万 m²，其中公共建筑 70.9 万 m²，居住建筑 116.4 万 m²。

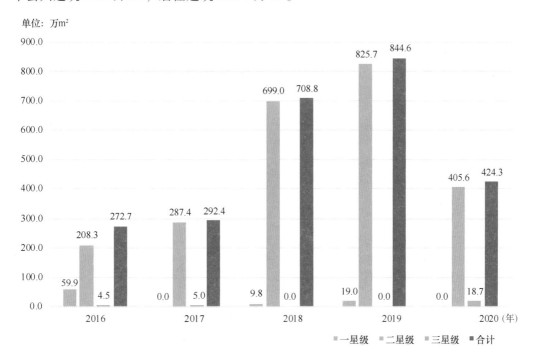

图 5-9-1　2016～2020 年度盐城市绿色建筑标识项目

# 推　进　思　路

"十三五"期间，盐城市坚持"创新、协调、绿色、开放、共享"五大发展理念，认真贯彻落实《江苏省绿色建筑发展条例》《江苏省政府关于加快推进建筑产业现代化促进建筑产业转型升级的意见》等文件精神，以绿色建筑高质量发展为主题，以建筑科技为引领，全面推进绿色建筑工作。

# 主要措施与成效

（1）健全政策机制发展体系

"十三五"期间，盐城市构建了较为完整的绿色建筑发展政策体系，先后印发了《盐城市城乡建设局相关处室和单位绿色建筑与建筑节能工作职责》（盐建科研〔2016〕25 号）、《盐城市人民政府关于加快推进全市建筑业高质量发展的意见》（盐政发〔2020〕57 号）等文件，明确了绿色建筑标准要求，将绿色建筑和建筑节能工作纳入长效机制和常态化管理轨道。发布了《盐城市人民政府关于加快推进装配式建筑发展的实施意见》（盐政发〔2017〕92 号）、《关于进一步推进全市装配式建筑发展的通知》（盐住建科研〔2019〕8 号）等文件，明确了全市装配式建筑发展的工作目标、应用范围和各方职责。同时，加强与市自然资源和规划局的沟通协调，在土地招拍挂时将绿色建筑、装配式建筑和成品住房要求纳入建设用地规划设计条件；加大施工图审查力度，要求全市图审机构严把施工图审查关，确保具体项目指标在施工图审查阶段有效落实。

（2）发挥规划引领作用

"十三五"期间，盐城市高度重视绿色建筑发展顶层设计，坚持规划引领、科学谋划目标、重视机制保障。以总体规划、市政专项规划以及各区域的控制性详细规划为基础，编制了《盐城市绿色建筑发展规划》《盐城市区可再生能源建筑利用专项规划》《盐城市区绿色交通专项规划》等绿色生态专项规划，为全市绿色发展提供系统、实用的科学基础。其中《盐城市绿色建筑发展规划》提出了盐城市"十三五"期间绿色建筑发展目标、重点任务、主要技术攻关方向与保障措施；《盐城中心城区既有建筑节能改造规划》以市中心城区带动全市既有建筑节能改造工作，推进既有建筑改造规范化、绿色化发展；《盐城市中心城区雨水利用专项规划》作为全省首个城市级雨水利用专项规划，具有较强的创新性，为盐城市创建国家节水型城市提供了有力支撑。

（3）完善闭合管理体系

优化绿色建筑发展全过程监管体系，环环相扣重点抓好"五个环节"，实现规划、设计、施工和验收等全过程闭合监管。一是抓源头，在土地出让、规划要点中明确绿色建筑标准要求，在规划方案审查阶段严格执行绿色建筑标准要求，实施源头把关；二是抓设计，规定设计要有绿色建筑专篇，对施工图实行绿色设计专项审查制度，确保绿色建筑技术路线合理和标准执行到位；三是抓验收，实地核查绿色建筑技术措施落实情况，确保绿色建筑工程施工质量；四是抓公示，实施绿色建筑施工和销售现场公示，让社会各界成为绿色建筑发展的监督主体，充分发挥市场的监督作用；五是抓考核，将绿色建筑发展纳入节能减排、大气污染治理等工作考核内容，不断优化督查考核方式方法，及时通报督查情况，公布考核排名，推动绿色建筑发展工作有力有序进展。

（4）稳步发展装配式建筑

"十三五"期间，盐城市成立了市建筑产业现代化推进工作领导小组，明确了小组成员单位职责及工作要求，加大协同推进力度，全面推进全市装配式建筑发展。全市创成 11 个省级建筑产业现代化示范，新开工装配式建筑面积 470 万 $m^2$，装配式建筑面积占同期新开工建筑面积比例达到 30%，装配式建筑占比实现大幅度增长。装配式建筑相关产业得到发展，生产产能和产品质量不断提高。全市现有建筑产业现代化生产基地 5 个，装配式建筑部品部件生产企业 32 家，产品涵盖混凝土构件、木构件和钢构件。组织举办了《江苏省装配式建筑综合评定标准》宣贯会和全市住建系统精装修工程和装配式建筑施工质量管理培训；组织队伍参加省"工润杯"装配式建筑职业技能竞赛，并取得了良好成绩。

（5）建设市级能耗监测平台

加强公共建筑智能化、精细化管理，建成市级建筑能耗监测平台，并融入市政府大数据平台管理网络。按照市住房和城乡建设局总管，区（县）分管的模式构建，建成 1 个市级平台、11 个县（市、区）级分平台；系统覆盖楼宇达到 130 余幢，覆盖建筑面积超过 300 万 $m^2$；安装智能终端超过 1 万个，累计收集数据超过 10 亿条，有效发挥数据在绿色建筑运行管理中的驱动力，为全市绿色建筑、生态城市建设提供翔实的数据支撑。充分运用市场机制，积极引导公共建筑使用单位主动实施节能改造，提高能源利用率。

# 第 10 章　扬　州　市

"十三五"期间，全市新增节能建筑面积 4484 万 m²，新增二星级以上绿色建筑标识项目 77 个，总面积 874 万 m²（图 5-10-1）。累计完成可再生能源建筑应用面积 1717 万 m²，其中太阳能光热系统建筑应用面积 1467 万 m²，地源热泵系统建筑应用面积 250 万 m²。累计完成既有建筑节能改造面积 249 万 m²，其中公共建筑 126 万 m²，居住建筑 123 万 m²。累计完成节能量 58.3 万吨标准煤。

2019～2020 年，全市新增节能建筑面积 2044 万 m²，其中绿色建筑面积 1955 万 m²，新增二星级以上绿色建筑标识项目 36 个，总面积 422 万 m²。累计完成可再生能源建筑应用面积 788 万 m²，其中太阳能光热系统建筑应用面积 713 万 m²，地源热泵系统建筑应用面积 75 万 m²。累计完成既有建筑节能改造面积 127.5 万 m²，其中公共建筑 47.3 万 m²，居住建筑 80.2 万 m²。累计完成节能量 25.78 万吨标准煤。

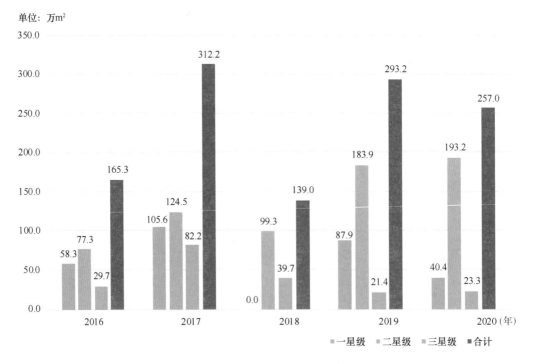

图 5-10-1　2016～2020 年度扬州市绿色建筑标识项目

# 推 进 思 路

"十三五"期间，扬州市深入贯彻党的十八大精神，加快落实《国家新型城镇化规划（2014－2020)》《中共中央 国务院关于加快推进生态文明建设的意见》等文件精神，以新型城镇化和生态文明建设为主线，以中央支持节能、绿色、低碳发展为契机，以"美丽宜居新扬州"建设为目标，以管理体制机制创新完善为保障，以提升人民居住品质为根本出发点，全面推进建筑节能和绿色建筑各项工作开展，促进建筑能效进一步提升与建筑总体能耗降低。

# 主要措施与成效

（1）制度体系日趋完善

"十三五"期间，扬州市固化了一套推进绿色建筑发展的有效措施。2017 年发布实施了《扬州市建筑节能和绿色建筑"十三五"规划》，明确全市分区规划目标要求、重点工作任务、保障措施等方面内容。多领域组织开展研究，形成著作、企业标准、技术指南和专利等成果，并应用到工程实际中。先后印发了《关于实施民用建筑设计方案绿色设计审查的通知》《关于进一步加强我市居住建筑标准化外窗系统应用的通知》《关于进一步加强我市公共建筑能耗监测与民用建筑能效测评工作的通知》《关于加强我市居住建筑标准化外窗系统中节能型附框应用的通知》等文件。从建筑节能、绿色建筑到绿色生态城区，从试点示范到全面推进，不断完善绿色发展的内涵，推动城乡建设发展模式向绿色、节约、生态的方向转型。

（2）组织领导日益加强

"十三五"期间，印发《关于建立全市建筑节能和绿色建筑工作例会制度的通知》，建立绿色建筑行动联席会议制度，每年制定下发全市绿色建筑工作任务分解表、绿色建筑工作考评办法，对各县（市、区）绿色建筑目标任务完成情况、推进绿色建筑工作情况进行考核通报，及时召开绿色建筑工作推进会，做好民用建筑能耗、绿色建筑统计报表工作。建立扬州市建筑产业化推进工作联席会议制度，明确各部门职责，组织开展扬州市建筑产业化试点示范等工作。

（3）监管机制持续完善

一是开展专项检查。每年开展全市绿色建筑实体检查，组织设计、监理、质监、墙改等方面专家组，严格把控绿色建筑工程实体质量；加强部门联动，通过节能产品备案，进场验收，节能材料质量监督抽检，确保建筑节能产品质量；加强施工难点重点问题的指导，强化多种现场监督措施，保证绿色建筑工程施工质量和节能效果。二是严格落实建筑节能制度。建立全市绿色建筑工作例会制度，强化全过程闭合监管，市审图办、质监站、城建监察支队各司其职，层层把关，确保绿色建筑各项管理规定落到实处。三是加强节能监管。印发《关于进一步加强我市公共建筑能耗监测与民用建筑能效测评工作的通知》，明确能耗监测和能效测评实施范围、设计验收相关要求。

（4）财政资金有力支撑

省级节能专项引导资金方面，积极组织申报省级节能专项引导资金项目，"十三五"期间共16个项目获批省级节能引导资金，共2937万元。市级节能专项引导资金方面，根据《江苏省绿色建筑发展条例》要求，扬州市自2015年设立绿色建筑暨建筑节能专项引导资金，并印发《扬州市市区绿色建筑暨建筑节能专项引导资金管理暂行办法》（扬财规〔2015〕8号），每年联合市财政局印发绿色建筑暨建筑节能引导资金申报指南，开展市级绿色建筑暨建筑节能专项引导资金项目申报和评审工作，"十三五"期间经专家组评审和市政府批准，共14个项目获批市级节能引导资金共894.29万元，涉及既有建筑节能改造、绿色建筑运行标识项目、超低能耗（被动式）建筑示范及建筑节能科研项目。

（5）宣贯培训落实到位

针对全市绿色建筑主管部门、施工图审查和质监机构、建设、施工、监理、设计单位，开展《江苏省绿色建筑发展条例》《绿色建筑施工验收规范》《既有建筑绿色改造评价标准》《绿色技术措施》《标准化建筑外窗系统附框应用技术导则》《居住建筑标准化外窗系统图集》、省市《建筑节能与绿色建筑发展十三五规划》、新国标《绿色建筑评价标准》等宣贯培训活动；针对全市设计和审图人员，组织开展装配式建筑设计专题培训；根据工作需要，举办了建筑节能与绿色建筑示范区建设业务培训。每年组织开展"节能宣传周"系列活动，现场设置宣传台，悬挂宣传横幅，摆放宣传展板，发放《江苏省绿色建筑发展条例》《江苏省发展新型墙体材料条例》等宣传材料。在《扬州晚报》专版刊登"健康建筑，绿色建筑的升华"专篇，结合扬州广电总台《关注》栏目组多次开展节能宣传周活动。

# 第 11 章  镇 江 市

"十三五"以来，镇江市认真贯彻落实国家和省绿色建筑行动方案，坚持生态立市发展战略，先后创建了省级绿色建筑示范城市和既有建筑节能改造示范城市。全市新增节能建筑面积 5223.5 万 m²，其中绿色建筑面积 3404 万 m²，新增二星级以上绿色建筑标识项目 99 个，总面积 939 万 m²（图 5-11-1）。累计完成可再生能源建筑应用面积 1606 万 m²，其中太阳能光热系统建筑应用面积 1561 万 m²，地源热泵系统建筑应用面积 45 万 m²，新增光伏装机容量 98MWp。累计完成既有建筑节能改造面积 315 万 m²，其中公共建筑 207 万 m²，居住建筑 106 万 m²。

2019～2020 年，全市累计新建绿色建筑 1587.6 万 m²，城镇绿色建筑占新建建筑比例为 100%；新增二星级以上绿色建筑标识项目 51 个，总面积 524.5 万 m²。累计完成可再生能源建筑应用面积 679 万 m²，其中太阳能光热系统建筑应用面积 644.8 万 m²，地源热泵系统建筑应用面积 25.1 万 m²，新增光伏装机容量 49MWp。

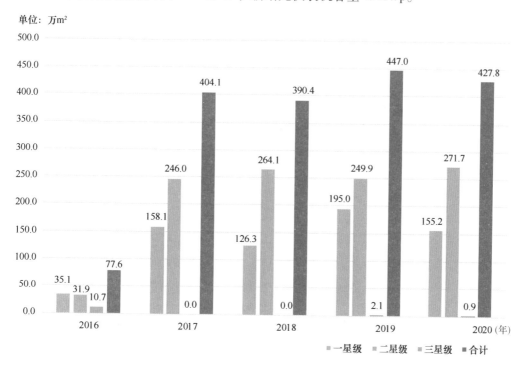

图 5-11-1  2016～2020 年度镇江市绿色建筑标识项目

# 推　进　思　路

贯彻"创新、协调、绿色、开放、共享"发展理念，坚持以人为本、科学发展、改革创新。发挥"规划引领、政策激励、行政监管、技术支撑"的作用，推动重点项目和区域实施绿色建筑示范，全面推进绿色建筑发展，实现人与建筑、自然之间的和谐统一。

# 主要措施与成效

（1）完善顶层设计，健全政策和法规体系

以低碳生态为目标，强化规划引领作用，完成《镇江市绿色建筑发展规划》等6部绿色生态专项规划编制，建立了绿色发展指标体系。出台《关于全面推进镇江市绿色建筑发展的实施意见》和《关于印发镇江市绿色建筑示范城市实施方案》两部指导性政策文件；制定《镇江市建筑节能与绿色建筑专项引导资金管理办法》，规范引导资金使用；完善项目建设验收监管，制定《关于加强我市绿色建筑管理工作的通知》和《关于开展绿色建筑评估工作的通知》等文件，为推动全市绿色建筑发展提供政策保障。

（2）发挥财政资金引领作用

争取省级绿色建筑示范城市专项资金5000万元、省级既有建筑节能改造示范城市专项资金1500万元及各类省级绿色建筑及产业化示范项目专项引导资金。设立市级建筑节能与绿色建筑专项引导资金，采取以奖代补方式，对绿色建筑、既有建筑节能改造、合同能源管理、建筑节能与绿色建筑科技支撑、可再生能源建筑应用以及低能耗建筑进行精准引导，撬动社会资本参与建设领域节能减排项目建设和科技研发。

（3）强化技术支撑能力建设

紧扣示范城市创建，组织技术力量编制了《镇江市装配式建筑工程设计文件编制深度规定》《镇江市装配式建筑工程设计文件施工图审查要点》《镇江市机关办公建筑能源审计分析与能耗定额研究》等文件和研究报告。通过政府采购服务的方式，引入第三方技术力量参与示范城市创建，充分发挥第三方技术力量和人才优势，为推广绿色建筑提供强有力的技术指导。

（4）开展绿色建筑评估制度

在绿色建筑项目竣工验收前，由镇江市住房和城乡建设局委托技术支撑单位对项目建设是否满足施工图绿色建筑专篇设计要求、相关技术措施是否落实到位、是否取得绿色建筑标识等开展技术层面的评估，确保各项技术措施实施到位。评估结果作为绿色建筑分部工程验收的重要参考依据，也可为管理部门提供决策参考和技术支持。

（5）广泛开展宣传培训活动

先后在《镇江日报》《京江晚报》上组织多轮次的宣传报道，广泛宣传绿色建筑理念与知识，营造了良好的社会氛围。举办了多期包括《江苏省绿色建筑发展条例》《绿色建筑工程施工质量验收规范》、绿色建筑评估、绿色施工、BIM 施工技术等在内的镇江市绿色建筑培训班，累计培训 5000 余人次。

（6）推进既有建筑节能改造

以旧城改造为抓手、国家级海绵城市试点和省级既有建筑节能改造试点为契机，对全市老旧住宅小区实施"海绵＋节能"的改造，实施公共建筑绿色化或合同能源管理模式的改造。"十三五"期间，累计完成既有建筑节能改造 315 万 $m^2$，争取省级既有建筑节能改造示范城市专项资金 1500 万元。同时，推动既有建筑绿色化改造，先后完成市人民检察院指定居所监视居住点、市儿童医院、老市政府等一批既有建筑绿色化改造。

# 第 12 章　泰　州　市

　　"十三五"期间，全市新建项目均按《江苏省居住建筑热环境和节能设计标准》《公共建筑节能设计标准》和《江苏省绿色建筑设计标准》要求进行设计和施工。新建建筑总建筑面积为 3903.8 万 $m^2$，新增绿色建筑面积为 2999.2 万 $m^2$，绿色建筑占新建建筑比例为 76.8%，其中二星级以上绿色建筑面积 1103.9 万 $m^2$，占全市绿色建筑的 36.8%（图 5-12-1）。完成既有建筑节能改造 111.8 万 $m^2$；新增可再生能源建筑面积 1918.8 万 $m^2$，浅层地能建筑面积 7.03 万 $m^2$。

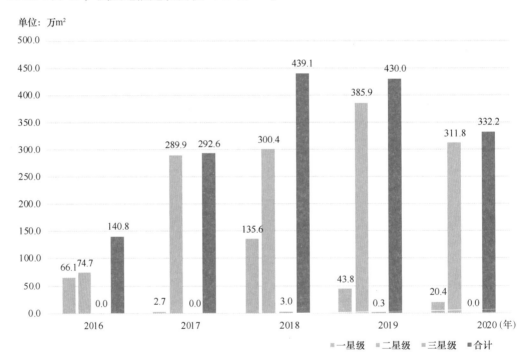

单位：万 $m^2$

图 5-12-1　2016～2020 年度泰州市绿色建筑标识项目

# 推　进　思　路

　　"十三五"期间，泰州市紧紧抓住城乡建设的重要战略机遇期，坚持以"政府引导、技术先行、因地制宜、有序推进"为原则，着眼于建筑的全寿命周期，全面推进绿色建筑发展。提高资源利用效率，合理改善建筑舒适性，从政策法规、体制机制、规划设计、标准规范、技术推广、建设运营、市场培育和产业支撑等方面推进工作。

## 主要措施与成效

（1）强化实体工程质量管控

加大对在建工程建筑节能与绿色建筑实施情况跟踪指导力度，明确绿色建筑星级要求。与房管部门、审图部门、质量监督部门、咨询市场管理部门等主体联动，共同配合、协同管理，绿色建筑工程实体质量整体受控，总体水平稳中有升。

（2）强化绿色建筑示范引领

认真落实绿色建筑各项技术措施，努力提升二星级以上绿色建筑比例和运行标识项目数量。期间推进泰州市绿色建筑示范建设任务，并顺利通过了省级验收，周山河初中成功申报三星级绿色校园并获得高质量省级引导资金，泰州市住房和城乡建设局大楼绿色化改造示范项目已落实完成。

（3）强化节能统计数据管理

泰州市各市、区均明确了建筑节能与绿色建筑统计数据责任部门和责任人，并按期向省住房和城乡建设厅汇总上报各项统计数据，确保统计数据的及时准确，很好地完成了各年度国家民用建筑能耗信息统计任务。

（4）强化绿色发展理念宣贯

依托节能宣传周，开展主题为"绿色发展、节能先行"的大型宣传活动，精选部分主干道楼宇电视作为宣传平台，大力普及绿色建筑信息，提高了全社会对建筑节能和绿色建筑的认知度，取得了良好的宣传效果。

（5）强化技术创新研究

联合江苏省建筑科学研究院等一批科研院所进行了多项绿色建筑相关课题的研究，不断完善泰州市建筑节能与绿色建筑的技术体系。主要完成了《泰州地区建筑节能与绿色建筑适宜技术体系研究》，并编制出版了《泰州市建筑节能与绿色建筑适宜技术设计指南》，为设计单位、建设单位、施工单位提供了很好的技术宣贯和普及，促进绿色建筑高速健康发展。

# 第13章　宿　迁　市

"十三五"期间，宿迁市新增节能建筑面积 2910.4 万 $m^2$，其中绿色建筑面积 1227.3 万 $m^2$，新增二星级以上绿色建筑标识项目 69 个，总面积 1035.0 万 $m^2$（图 5-13-1）。累计完成可再生能源建筑应用面积 1215.5 万 $m^2$，其中太阳能光热系统建筑应用面积 1170.7 万 $m^2$，地源热泵系统建筑应用面积 44.9 万 $m^2$。累计完成既有建筑节能改造面积 91.2 万 $m^2$，其中公共建筑 63.6 万 $m^2$，居住建筑 27.6 万 $m^2$。

2019～2020 年，宿迁市新增节能建筑面积 1023.8 万 $m^2$，其中绿色建筑面积 837.4 万 $m^2$，新增二星级以上绿色建筑标识项目 52 个，总面积 745.4 万 $m^2$。累计完成可再生能源建筑应用面积 542.7 万 $m^2$，其中太阳能光热系统建筑应用面积 534.2 万 $m^2$，地源热泵系统建筑应用面积 8.5 万 $m^2$。累计完成既有建筑节能改造面积 33.2 万 $m^2$，其中公共建筑 22.4 万 $m^2$，居住建筑 10.9 万 $m^2$。

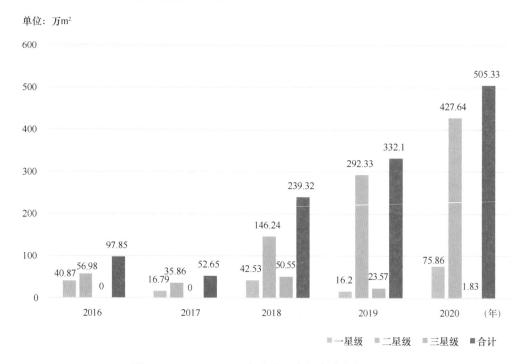

图 5-13-1　2016～2020 年度宿迁市绿色建筑标识项目

# 推　进　思　路

2018 年，宿迁市住房和城乡建设局、规划局、国土局联合印发《关于促进中心城市绿色建筑发展的实施意见》（宿建发〔2018〕143 号），明确提出新建民用建筑实现绿色建筑全覆盖的基础上，加快高星级绿色建筑发展，促进绿色建筑全面提质增效。要求至 2020 年，中心城市 50% 以上新建民用建筑按二星级及以上绿色建筑标准规划、设计、建设，取得绿色建筑设计标识比例不低于 80%，新增绿色建筑运行标识个数不少于 5 个。

# 主要措施与成效

（1）建立绿色建筑发展长效机制

宿迁市住房和城乡建设局、市规划局、市国土局联合印发《关于促进中心城市绿色建筑发展的实施意见》（宿建发〔2018〕143 号），在新建建筑中实现绿色建筑全覆盖的基础上，重点发展高星级绿色建筑，明确要求所有新建房地产项目、大型公共建筑以及国有资金投资的项目全部按二星级及以上绿色建筑标准规划设计建设；所有学校全部按三星级绿色建筑标准规划设计建设；国有资金投资项目竣工验收一年后必须申报绿色建筑运行标识。同时，强化土地出让、规划审批、设计审查、施工管理、竣工验收等环节各有关部门对绿色建筑的协同管控要求，强化全过程闭合监管制度。

（2）确定绿色建筑重点发展项目

在《江苏省绿色建筑发展条例》的基础上，进一步要求宿迁市中心城市范围内新建房地产开发项目，全部按二星级及以上绿色建筑标准规划、设计、建设。新建学校全部按三星级绿色建筑标准规划、设计、建设。单体建筑面积超过 2 万 $m^2$ 的宾馆、医院争取按三星级绿色建筑标准规划、设计、建设。使用国有资金投资或国家融资的新建大型公共建筑通过竣工验收并投入运行一年后，应当申请绿色建筑运行标识。鼓励条件具备的其他项目申报绿色建筑运行标识。

（3）强化绿色建筑设计审查

强化方案审批阶段监管，制定了建筑方案绿色设计审查工作流程，会同市规划局对中心城市范围内新建民用建筑开展绿色设计审查，评审结果作为建筑设计方案审批和办理《建设工程规划许可证》的必要条件，审查未获通过的，不予颁发《建设工程规划许可证》。通过开展建筑方案绿色设计审查，确保新建建筑绿色建筑等级得到落实。

（4）强化建筑节能全过程监管

强化土地出让、规划审批、设计审查、施工管理、竣工验收等环节各有关部门对绿色建筑的协同管控要求，强化全过程闭合监管制度。土地挂牌出让时，在规划要点中明确绿色建筑等级，在规划方案阶段，严格落实省住房和城乡建设厅《关于实施民用建筑设计方案绿色设计审查的通知》精神，强化方案审批阶段监管，对新建民用建筑开展绿色设计审查，评审结果作为建筑设计方案审批和办理《建设工程规划许可证》的必要条件，确保新建绿色建筑等级得到落实。绿色建筑专项验收环节严格把关，机关办公建筑和大型公建等项目将建筑能耗分项计量、开展能效测评等事项作为验收前置条件。

（5）推动沭阳绿色建筑示范县创新机制

在绿色建筑示范县实施过程中，宿迁市沭阳县成立由县分管领导任组长、县直相关单位主要负责人为成员的绿色建筑行动领导小组，领导小组定期召开联席会议，研究、部署、协调、监督和指导全县绿色建筑发展工作；县直相关单位设立工作小组，将示范任务纳入部门内部考核，并安排专人负责示范工作相关事宜。为保障绿色建筑示范县实施工作顺利推进，沭阳县在全省率先建立了示范任务年度考核机制。通过县政府常务会议将《沭阳县绿色建筑行动实施方案》发布实施，明确各部门的考核指标，并要求每年年初发布考核工作任务及考核办法，年终对各部门完成情况组织进行考核评价及通报。

## 附表1 2019～2020年验收的省级绿色建筑发展专项资金项目清单

| 序号 | 项目名称 | 项目类型 |
|---|---|---|
| 1 | 镇江市润州区建筑节能与绿色建筑示范区 | 建筑节能与绿色建筑示范区 |
| 2 | 江苏省楚州职业教育中心校新校区迁建工程 | 可再生能源建筑应用 |
| 3 | 徐州市中山堂娱乐中心既有建筑节能改造项目 | 既有建筑节能改造 |
| 4 | 超低能耗建筑新型结构体系研究与示范 | 科技支撑项目 |
| 5 | 镇江市绿色建筑示范城市 | 绿色建筑示范城市（县、区） |
| 6 | 张家港市绿色建筑示范城市（县） | 绿色建筑示范城市（县、区） |
| 7 | 常州新北区绿色建筑示范区 | 绿色建筑示范城市（县、区） |
| 8 | 南通市通州区绿色建筑示范区 | 绿色建筑示范城市（县、区） |
| 9 | 盱眙县绿色建筑示范县 | 绿色建筑示范城市（县、区） |
| 10 | 泰兴市绿色建筑示范城市（县） | 绿色建筑示范城市（县、区） |
| 11 | 盐城市聚龙湖核心区 | 绿色建筑和生态城区区域集成示范 |
| 12 | 吴江区既有建筑节能改造区域集示范项目 | 既有建筑节能改造示范区（市、县） |
| 13 | 镇江新区老安置小区节能改造工程 | 既有建筑节能改造示范项目 |
| 14 | 南京市鼓楼医院老院区节能改造 | 既有建筑节能改造示范项目 |
| 15 | 南航金城学院合同能源管理项目 | 合同能源管理（建筑类）项目 |
| 16 | 楠溪江东街以南恒山路以西地块（NO.2011G01） | 可再生能源建筑应用和超低能耗建筑示范 |
| 17 | 涟水中央城24号、25号、26号楼 | 可再生能源建筑应用和超低能耗建筑示范 |
| 18 | 西来镇见龙农民集中居住区太阳能热水器 | 可再生能源建筑应用和超低能耗建筑示范 |
| 19 | 南京河西绿色建筑主题公园绿色生态展示馆及未来生态家 | 可再生能源建筑应用和超低能耗建筑示范 |
| 20 | 江苏省绿色农房技术细则 | 建筑节能标准支撑 |
| 21 | 阜宁县绿色建筑示范县 | 绿色建筑示范城市（县、区） |
| 22 | 镇江市机关办公建筑用能管理 | 建筑用能管理工程示范 |
| 23 | 无锡市既有建筑节能改造示范城市 | 既有建筑节能改造示范区（市、县） |
| 24 | 南京明基医院合同能源管理项目 | 合同能源管理（建筑类）项目 |
| 25 | 苏州月星家居广场合同能源管理项目 | 合同能源管理（建筑类）项目 |
| 26 | 朗诗保利麓院南院 | 超低能耗被动房工程示范 |
| 27 | 常州武进绿色建筑博览园 | 超低能耗被动房工程示范 |
| 28 | 江苏省建筑节能与绿色建筑研发楼 | 超低能耗被动房工程示范 |
| 29 | 无锡市锡山人民医院门急诊医技住院综合楼 | 可再生能源建筑应用示范 |
| 30 | 泰州市中医院整体搬迁工程 | 可再生能源建筑应用示范 |
| 31 | 江苏省绿色建筑运营管理云服务平台建设 | 建筑节能标准支撑 |
| 32 | 江苏省绿色生态专项规划实施评估研究 | 建筑节能标准支撑 |
| 33 | 可再生能源建筑应用项目实施效果后评估研究 | 建筑节能标准支撑 |
| 34 | 徐州市绿色建筑示范城市 | 绿色建筑示范城市（或县、区） |

| 序号 | 项目名称 | 项目类型 |
|---|---|---|
| 35 | 昆山经济技术开发区绿色建筑和生态城区区域集成示范 | 绿色建筑和生态城区区域集成示范 |
| 36 | 南通市建筑工程质量检测中心综合实验楼 | 绿色建筑重点项目示范 |
| 37 | 沭阳县汇峰大饭店 | 绿色建筑重点项目示范 |
| 38 | 江苏省省级机关办公建筑用能管理工程示范 | 建筑用能管理工程示范 |
| 39 | 淮海工学院建筑用能管理工程 | 建筑用能管理工程示范 |
| 40 | 江苏城乡建设职业学院建筑用能管理工程示范项目 | 建筑用能管理工程示范 |
| 41 | 金陵连锁酒店建筑用能管理合同能源管理项目 | 建筑用能管理工程示范 |
| 42 | 南京市第一医院既有建筑节能改造项目 | 既有建筑节能改造示范 |
| 43 | 如皋市区 LED 节能路灯改造工程项目 | 合同能源管理（建筑类）项目示范 |
| 44 | 兴化市香格里大酒店建筑节能改造合同能源管理 | 合同能源管理（建筑类）项目示范 |
| 45 | 淮安市建筑工程检测中心有限公司综合楼附楼 | 超低能耗被动式绿色建筑工程示范 |
| 46 | 新建检测基地项目 | 超低能耗被动式绿色建筑工程示范 |
| 47 | 中国人民武装警察部队江苏省边防总队后勤部迁建经济适用住房 | 可再生能源建筑应用工程示范 |
| 48 | 华辰丽景小区（二期）土壤源地源热泵与太阳能节能技术综合应用示范项目 | 可再生能源建筑应用工程示范 |
| 49 | 淮安市公共建筑能耗限额制定 | 公共建筑能耗限额制定 |
| 50 | 盐城市公共建筑能耗限额制定 | 公共建筑能耗限额制定 |
| 51 | 绿色建筑室内环境优化技术路线及设计方法研究 | 建筑节能、绿色建筑科技支撑 |
| 52 | 绿色建筑运行监测与能效提升策略研究 | 建筑节能、绿色建筑科技支撑 |
| 53 | 高校校园建筑能耗总量控制实践研究 | 建筑节能、绿色建筑科技支撑 |
| 54 | 无锡市建筑专家工作站 | 超低能耗被动式绿色建筑工程示范 |
| 55 | 张家港城建档案馆和基础地理信息业务用房项目 | 超低能耗被动式绿色建筑工程示范 |
| 56 | 镇江三茅宫一区二区绿色化改造 | 既有建筑绿色改造示范 |
| 57 | 南京理工大学紫金学院学生公寓洗浴热水系统合同能源管理项目 | 合同能源管理示范 |
| 58 | 南京扬子智慧谷节能改造项目 | 合同能源管理示范 |
| 59 | 无锡锦仑大酒店建筑节能改造合同能源管理项目 | 合同能源管理示范 |
| 60 | 江阴国际大酒店合同能源管理项目 | 合同能源管理示范 |
| 61 | 苏州新城花园酒店合同能源管理项目 | 合同能源管理示范 |
| 62 | 苏州火车站地下广场综合节能改造 | 合同能源管理示范 |
| 63 | 苏州大学附属第一医院 | 合同能源管理示范 |
| 64 | 赣榆区人民医院屋顶光伏电站 | 合同能源管理示范 |
| 65 | 盐城迎宾馆合同能源管理改造项目 | 合同能源管理示范 |
| 66 | 扬州华美达凯莎酒店合同能源管理项目 | 合同能源管理示范 |

| 序号 | 项目名称 | 项目类型 |
|---|---|---|
| 67 | 绿色智慧建筑（新一代房屋）课题研究与示范 | 建筑节能科技支撑示范 |
| 68 | 南京市公共建筑能效限额制定 | 建筑节能科技支撑示范 |
| 69 | 江苏省"绿色建筑＋"技术体系与标准研究 | 建筑节能科技支撑示范 |
| 70 | 徐州市公共建筑能耗限额制定 | 建筑节能科技支撑示范 |
| 71 | 扬州市公共建筑能耗限额制定 | 建筑节能科技支撑示范 |
| 72 | 镇江市公共建筑能耗限额制定 | 建筑节能科技支撑示范 |
| 73 | 南京禄口国际机场二期建设工程 2 号航站楼及停车楼 | 绿色建筑奖励 |
| 74 | 苏州市花桥金融服务外包产业园 B 区 1～18 号楼 | 绿色建筑奖励 |
| 75 | 江苏省水文地质工程地质勘察院（淮安）基地综合楼 | 绿色建筑奖励 |
| 76 | 泰州开元·香颂花园一期住宅项目 | 绿色建筑奖励 |
| 77 | 江南大学数媒经管大楼 | 绿色建筑运行标识项目 |
| 78 | 昆山花桥梦世界电影文化综合体配套住宅 1～11 号楼 | 绿色建筑运行标识项目 |
| 79 | 海门市云起苑项目一期 3 号、4 号、5 号楼 | 绿色建筑运行标识项目 |
| 80 | 华新一品一期 | 绿色建筑运行标识项目 |
| 81 | 扬州新能源名门一品 1～14 号、16～25 号、27～36 号、40 号、41 号、43 号、44 号楼 | 绿色建筑运行标识项目 |
| 82 | 宿迁苏宿园区派出所业务技术用房工程 | 绿色建筑运行标识项目 |
| 83 | 昆山市公民道德馆（康居房中心公园配套用房）改造工程 | 既有建筑绿色改造 |
| 84 | 常州旅游商贸高等职业技术学校公共机构能效提升项目 | 公共机构能效提升 |
| 85 | 兴化市人民医院综合能效提升项目 | 公共机构能效提升 |
| 86 | 江苏省绿色建筑评价研究与标准编制 | 科技支撑项目 |

## 附表2 2019～2020年立项的省级绿色建筑发展专项资金项目清单

| 序号 | 项目名称 | 项目类型 | 立项时间 |
|---|---|---|---|
| 1 | 常州市绿色宜居城区 | 绿色宜居城区 | 2019 |
| 2 | 启东新城核心区 | 绿色宜居城区 | 2019 |
| 3 | 南京一中分校 | 高品质建筑实践项目 | 2019 |
| 4 | 南部新城夹岗区域教育配套建设工程新建幼儿园 | 高品质建筑实践项目 | 2019 |
| 5 | 无锡市滨湖区XDG-2016-8号地块B、C1 | 高品质建筑实践项目 | 2019 |
| 6 | 常州文化广场项目（QL-090708地块）－9号、10号楼 | 高品质建筑实践项目 | 2019 |
| 7 | 苏州市工业园区DK20170046号地块项目 | 高品质建筑实践项目 | 2019 |
| 8 | 苏州建研院－科教研发用房项目 | 高品质建筑实践项目 | 2019 |
| 9 | 扬州蓝湾华府（GZ066）地块居住小区 | 高品质建筑实践项目 | 2019 |
| 10 | 泰州市周山河初中 | 高品质建筑实践项目 | 2019 |
| 11 | 无锡职业技术学院1～7号学生公寓热水系统绿色节能改造项目 | 既有建筑绿色改造 | 2019 |
| 12 | 沛县龙城国际（沛供事业公司办公楼） | 既有建筑绿色改造 | 2019 |
| 13 | 沛县人防地面指挥中心 | 既有建筑绿色改造 | 2019 |
| 14 | 中国人民银行常州市中心支行营业用房和附属用房维修改造项目 | 既有建筑绿色改造 | 2019 |
| 15 | 常州市天宁区青龙苑北区既有建筑区域集中绿色改造合同能源管理项目 | 既有建筑绿色改造 | 2019 |
| 16 | 昆山市公民道德馆（康居房中心公园配套用房）改造工程 | 既有建筑绿色改造 | 2019 |
| 17 | 扬州阳光美第小区宜居住区绿色节能改造项目 | 既有建筑绿色改造 | 2019 |
| 18 | 镇江市京口区正东路街道福润华庭社区既有建筑集中绿色化改造合同能源管理项目 | 既有建筑绿色改造 | 2019 |
| 19 | 镇江高新区蒋乔街道富润华庭社区既有建筑集中绿色化改造合同能源管理项目 | 既有建筑绿色改造 | 2019 |
| 20 | 扬中市三茅街道既有建筑区域集中绿色改造合同能源管理项目 | 既有建筑绿色改造 | 2019 |
| 21 | 常州旅游商贸高等职业技术学校公共机构能效提升项目 | 公共机构能效提升 | 2019 |
| 22 | 常州市第二人民医院综合节能改造项目 | 公共机构能效提升 | 2019 |
| 23 | 南通理工学院主校区绿色校园综合能效提升项目 | 公共机构能效提升 | 2019 |
| 24 | 镇江市第三人民医院能效提升合同能源管理项目 | 公共机构能效提升 | 2019 |
| 25 | 江苏扬中高级中学能效提升合同能源管理项目 | 公共机构能效提升 | 2019 |
| 26 | 兴化市人民医院综合能效提升项目 | 公共机构能效提升 | 2019 |
| 27 | 武进绿色城区 | 绿色城区 | 2020 |
| 28 | 南京大学苏州校区 | 绿色城区 | 2020 |
| 29 | 南京市不动产档案馆项目 | 高品质绿色建筑实践 | 2020 |
| 30 | 江北新区市民中心工程 | 高品质绿色建筑实践 | 2020 |
| 31 | 南京美术馆新馆项目 | 高品质绿色建筑实践 | 2020 |
| 32 | 江北图书馆项目 | 高品质绿色建筑实践 | 2020 |

| 序号 | 项目名称 | 项目类型 | 立项时间 |
|---|---|---|---|
| 33 | 徐州楚河金茂府 7 号、10 号楼 | 高品质绿色建筑实践 | 2020 |
| 34 | 常州市中建熙华雅苑 1~11 号楼高品质绿色建筑实践项目 | 高品质绿色建筑实践 | 2020 |
| 35 | 常州国展资产高新智汇中心新建项目 | 高品质绿色建筑实践 | 2020 |
| 36 | DK20180101 号地块项目 | 高品质绿色建筑实践 | 2020 |
| 37 | 盐城市城南新区教师培训中心（智慧绿色建筑） | 高品质绿色建筑实践 | 2020 |
| 38 | 江苏省人民医院河西分院（1 号、2 号、3 号、4 号、6 号楼） | 能效提升项目 | 2020 |
| 39 | 常州大学公共建筑能效提升项目 | 能效提升项目 | 2020 |
| 40 | 常州纺织服装职业技术学院学生公寓 | 能效提升项目 | 2020 |
| 41 | 江苏省社会主义学院综合能效提升项目 | 能效提升项目 | 2020 |
| 42 | 南京航空航天大学明故宫校区能效提升项目 | 能效提升项目 | 2020 |
| 43 | 南京医科大学能效提升 | 能效提升项目 | 2020 |
| 44 | 淮安信息职业技术学院建筑能效提升项目 | 能效提升项目 | 2020 |
| 45 | 南京颐和路历史文化街区保护和利用项目一期工程 | 能效提升项目 | 2020 |
| 46 | 南京武家嘴国际大酒店建筑节能工程 | 能效提升项目 | 2020 |
| 47 | 无锡市中医医院综合能效提升 | 能效提升项目 | 2020 |
| 48 | 无锡中国饭店建筑节能改造合同能源管理项目 | 能效提升项目 | 2020 |
| 49 | 常州市行政服务中心建筑能效提升项目 | 能效提升项目 | 2020 |
| 50 | 常州市天宁区青龙街道既有建筑区域整合绿色化改造合同能源管理项目 | 能效提升项目 | 2020 |
| 51 | 苏州市行政中心 5 号楼维修改造项目 | 能效提升项目 | 2020 |
| 52 | 连云港东圆国际大酒店 | 能效提升项目 | 2020 |
| 53 | 盐城明城锦江大酒店合同能源管理改造项目 | 能效提升项目 | 2020 |
| 54 | 阜宁东方人才公寓 20 号、21 号楼改造工程 | 能效提升项目 | 2020 |
| 55 | 江苏省江都中等专业学校能效提升合同能源管理项目 | 能效提升项目 | 2020 |
| 56 | 江苏省"十四五"绿色建筑发展规划研究 | 科技支撑项目 | 2020 |
| 57 | 装配式建筑正向设计研究与示范 | 科技支撑项目 | 2020 |
| 58 | 江苏省绿色建筑评价研究与标准编制 | 科技支撑项目 | 2020 |
| 59 | 绿色建筑设计质量控制要点研究 | 科技支撑项目 | 2020 |
| 60 | 绿色城区综合效益评估与发展研究 | 科技支撑项目 | 2020 |
| 61 | 智慧建筑关键技术研究与示范 | 科技支撑项目 | 2020 |
| 62 | 江苏省超低能耗建筑关键技术研究与示范 | 科技支撑项目 | 2020 |
| 63 | 绿色建筑后评估技术体系研究与评估应用 | 科技支撑项目 | 2020 |
| 64 | 公共机构建筑能耗定额制定与推进机制研究 | 科技支撑项目 | 2020 |
| 65 | 装配式建筑全生命周期质量追溯体系研究与示范 | 科技支撑项目 | 2020 |
| 66 | 绿色生态木-混凝土组合结构体系研究与示范 | 科技支撑项目 | 2020 |
| 67 | 新型装配式钢结构住宅技术体系优化及示范 | 科技支撑项目 | 2020 |